基因调控木材热化学转化利用技术

唐朝发　杜洪双　郑　凯　著

科学出版社
北　京

内 容 简 介

本书通过对4-香豆酸辅酶A连接酶（*4CL*）基因调控影响木质素合成，对培育的4～5年生杨木进行热解动力学研究；并对此杨木进行快速热解产物分析，利用其热解油合成胶黏剂，对此胶黏剂进行分析。本书具有专业性强的特点，系统研究转基因树种快速热解技术并对其产品进行分析利用，可为以转基因杨木的利用为目标调控基因改良杨木提供思路，为生物质快速热解技术的再开发、再研究起到抛砖引玉的作用。

本书可供基因工程及生物质能源工程专业的研发人员、相关专业高校师生参考阅读。

图书在版编目（CIP）数据

基因调控木材热化学转化利用技术 / 唐朝发等著. —北京：科学出版社，2022.11

ISBN 978-7-03-073388-7

Ⅰ. ①基… Ⅱ. ①唐… Ⅲ. ①木材-热化学-转化 Ⅳ. ①S781.4

中国版本图书馆CIP数据核字（2022）第189514号

责任编辑：贾 超 孙静惠 / 责任校对：杜子昂
责任印制：吴兆东 / 封面设计：东方人华

科学出版社 出版
北京东黄城根北街16号
邮政编码：100717
http://www.sciencep.com
北京中石油彩色印刷有限责任公司 印刷
科学出版社发行 各地新华书店经销
*
2022年11月第 一 版 开本：720×1000 1/16
2022年11月第一次印刷 印张：9 1/4
字数：200 000
定价：98.00元
（如有印装质量问题，我社负责调换）

个 人 简 介

唐朝发 男，生于 1965 年 11 月，汉族，吉林省吉林市人。1989 年 7 月毕业于吉林林学院木材机械加工专业；2000 年 10 月东北林业大学硕士研究生班毕业；2012 年 7 月长春理工大学硕士毕业，获得工业工程硕士学位。现在北华大学材料科学与工程学院木材与家具系工作，教授，吉林省林学会木材加工专业委员会副主任。主持或参加省部级科研项目 10 余项，作为第一发明人获得授权发明专利 5 项，发表论文 20 余篇。

工作期间，主持完成的吉林省科学技术厅“环保抗菌木质地板的研究”项目，获 2018 年吉林省长白山林业科学技术奖三等奖，同年获得中央财政林业科技推广示范资金支持，得到推广应用。作为主要参加者完成的吉林省科学技术厅“森林抚育材速生材高值化利用技术集成产业化”项目，获 2016 年吉林省科学技术进步奖一等奖。发明专利“杨木缺氧高温处理制备木制百叶窗帘叶片”，2018 年以成果转让方式在企业获得推广应用。

前　　言

在能源紧缺和环境污染的双重压力下，倡导对可再生生物质资源高效利用和高附加值转化、实现人类社会的可持续发展已经成为世界各国的重要发展战略。采用快速热解技术，将低品质的生物质资源转化成高品质的生物油燃料或者高附加值的化工原料是生物质资源高效利用的重要手段，吸引了各国政府、大学、研究机构以及企业的高度重视。热解产物的高效高值利用直接与生物质原料的化学组成、元素组成密切相关。通过转基因技术，根据目标热解产物的去向和要求来改良生物质原料，可以促进生物质热裂解产物的定向可控制备，从而有助于推动生物热化学能源转化利用技术的快速发展和产业化应用。

通过调控 4-香豆酸辅酶 A 连接酶(4-coumarate：coenzyme A ligase，*4CL*)基因影响木质素生物合成，降低木质素含量，以培育适合于工农业生产的资源树种，已成为研究热点。把木质素生物合成途径中的关键基因定位为靶基因，构建该基因的反义、正义或干涉结构的表达载体并进行遗传转化，利用获得的转基因植株，进行基因表达和调控研究，是对木质素合成途径进行系统研究的有力手段之一。*4CL* 处于苯丙烷类代谢途径形成不同类型产物的转折点上，催化各种羟基肉桂酸生成相应的硫酯，这些硫酯同时也是苯丙烷类代谢途径和各种末端产物生成途径的分支点。因此，通过基因工程手段调节 *4CL* 活性，是对其进行功能分析的重要途径。目前试验室已获得大量 *4CL* 转基因植株，这些转基因植株在 *4CL* 表达、木质素含量、组成和植株发育等方面存在很大差异。

本书分别从基因表达、细胞壁组成、木材品质及转基因木材热解特性、热解产物利用方面对试验室已存在的 5 年生 *4CL* 转基因杨木植株的研究进行介绍。作者将研究成果及思路通过本书分享给读者，希望能够起到抛砖引玉的作用，建立起通过改良生物质资源化学组成提高生物质资源的高效利用的研究路线。进一步确定了转基因技术对快速热解产物的影响。然而，受篇幅和结构所限，本书只能介绍转基因技术对热解产物的影响的一隅之见，无法全面反映此领域的创新思想，在此诚恳说明并深感歉意。

本书第 1 章～第 4 章、第 6 章、第 8 章由北华大学唐朝发撰写，第 5 章由北华大学杜洪双撰写，第 7 章由郑凯撰写。全书由杜洪双统稿。

特别感谢蒋湘宁课题组为本书提供了大力支持。尤其感谢田晓明为本书提供了转基因杨木及相关资料。

鉴于作者水平有限，时间仓促，疏漏之处在所难免，恳切希望得到读者的宝贵意见。

作　者

2022 年 9 月

目　录

前言
第 1 章　绪论 ······ 1
1.1　林木生物质资源转化利用现状及发展趋势 ······ 1
1.2　生物质快速热解研究现状 ······ 4
1.3　生物油简介 ······ 6
1.4　植物细胞壁研究现状 ······ 8
1.5　木材品质 ······ 12
1.6　木材的形成 ······ 12
1.7　木质素研究现状 ······ 13
1.8　*4CL* 基因研究现状 ······ 15
1.9　本书研究的目的、思路和内容 ······ 19
第 2 章　转 *4CL* 基因毛白杨木质素 ······ 21
2.1　转 *4CL1* 基因毛白杨木质素合成 ······ 21
2.2　酚酸的 HPLC-MS 分析 ······ 24
2.3　转 *4CL1* 基因毛白杨酚酸含量分析 ······ 29
第 3 章　转 *4CL1* 基因毛白杨组成 ······ 33
3.1　转 *4CL1* 基因毛白杨细胞壁化学组成分析 ······ 33
3.2　转 *4CL1* 基因毛白杨木质素单体 ······ 38
3.3　总结与讨论 ······ 41
第 4 章　转 *4CL1* 基因毛白杨木材品质研究 ······ 42
4.1　材料 ······ 42
4.2　试验方法 ······ 42
4.3　结果与分析 ······ 44
4.4　讨论 ······ 52
第 5 章　GM 杨树木材热解动力学研究 ······ 55
5.1　GM 杨树木材的工业组成、元素组成和化学组成 ······ 55
5.2　热解动力学理论基础 ······ 57
5.3　GM 杨树木材热重分析 ······ 60

5.4 GM 杨树木材热解动力学方程的建立 ……67
5.5 GM 杨树木材热解动力学模型的优点 ……81
5.6 本章小结 ……82
第 6 章 GM 杨树木材快速热解产物分析 ……83
6.1 试验材料和仪器设备 ……83
6.2 GM 杨树快速热解生物油分析 ……85
6.3 GM 杨树快速热解气体和不凝气体 TCT 分析 ……94
6.4 GM 杨树木材快速热解产物炭的物性分析 ……96
6.5 本章小结 ……98
第 7 章 GM 杨木快速热解生物油应用 ……100
7.1 生物油-脲醛树脂胶合成 ……100
7.2 生物油-酚醛树脂合成 ……112
第 8 章 结束语 ……124
8.1 *4CL1* 基因在木质素单体合成中的作用 ……124
8.2 木质素生物合成途径与碳水化合物代谢途径的相互作用 ……124
8.3 启动子和 N-domain 对 *4CL1* 基因表达的作用 ……125
8.4 调控 *4CL1* 基因对木材品质的影响及综合评价 ……125
8.5 GM 杨木木材热重分析及动力学研究 ……125
8.6 S-23 和 A-41 快速热解产物分析 ……126
8.7 主要创新点 ……126
8.8 总结和展望 ……126
参考文献 ……128
附录 ……138

第1章　绪　　论

随着能源消耗日益增加以及化石能源过度利用，能源短缺、环境污染问题已成为全球关注的焦点，开发可再生的生物质能源和新型生物质化工原料已成为当今世界的重要发展战略。农林生物质是自然界可再生资源的重要组成部分，在生物质资源中占有十分重要的地位，将其合理地转化为能源或化工原料对于减少常规化石资源消耗、弥补化工原料不足、减少环境污染，实现可持续发展，具有重要现实意义和广阔前景。

1.1　林木生物质资源转化利用现状及发展趋势

采取工业化利用技术将林木生物质转化为工业能源和化工原料，形成新的能源和化工原料产业，是缓解我国能源紧张的一条重要途径。

林木生物质转化方式可分为3种：热化学转化、生物转化和物理转化。按照最终产品形态可分为：气化、液化和固化。

热化学转化是指在高温下将生物质转换成具有其他形态能量物质的转换技术。热化学转化包括热解、液化、气化等，热解可使林木生物质转化为碳氢化合物富集的气体、油状液体和炭；液化是指在某些有机物的存在下，将木材转化为类似液体的黏稠状流体的热化学过程，其产物可用于制造胶黏剂、三维固化制模材料、泡沫塑料、纤维和碳纤维等；气化是将固体燃料转化成可燃气体。

生物转化是指在缺氧条件下利用微生物（某些细菌）使有机物分解产生可燃气体或液体，包括生物质发酵制取沼气或乙醇。

物理转化是指将生物质压制为成型的燃料（如块型、棒型燃料），以便集中利用和提高热效率。

目前，生物质气化、直接燃烧发电、固化成型及液化已经处于比较成熟的商业化阶段，而生物质的液化还处于研究、开发及示范阶段。从产物来分，生物质液化可分为制取液体燃料（乙醇和生物油等）和制取化学品。由于制取化学品需要较为复杂的产品分离与提纯过程，技术要求高，且成本高，目前国内外还处于试验室研究阶段，许多文献对热转化及催化转化精制化学品的反应条件、催化剂、反应机理及精制方法等进行了详细报道。

1.1.1 国外研究现状

生物质气化技术应用早在第二次世界大战期间就达到高峰。随着人们对生物质能源开发利用的关注，气化技术应用研究重新引起了人们的重视。奥地利成功地推行燃烧木材剩余物的区域供电计划,加拿大有 12 个试验室和大学开展了生物质的气化技术研究，瑞典和丹麦正在实行利用生物质进行热电联产的计划，美国有 350 多座生物质发电站，主要分布在纸浆、纸产品加工厂和其他林产品加工厂。

流化床气化技术从 1975 年以来一直是科学家们关注的热点。流化床包括循环流化床、加压流化床和常规流化床。印度最近开发研究用流化床气化农业剩余物如稻壳、甘蔗渣等，建立了一个中试规模的流化床系统。欧美等发达国家科研人员在催化气化方面已经做了大量的研究开发，研究范围涉及催化剂的选择、气化条件的优化和气化反应装置的适应性等方面，并且已经在工业生产装置中得到了应用。

二十世纪四十年代国外开始了生物质的成型技术研究开发。现已成功开发的成型技术主要有三大类：日本开发的螺旋挤压生产棒状成型物技术，欧洲各国开发的活塞式挤压制圆柱块状成型技术，以及美国开发研究的内压滚筒颗粒状成型技术。

生物质制取液体燃料如乙醇、甲醇、液化油等也是一个热门的研究领域。加拿大用木质原料生产的乙醇产量为 17 万吨/年。比利时每年用甘蔗为原料，制取乙醇量达 3.2 万吨/年以上，美国每年用农林生物质和玉米为原料大约生产 450 万吨/年乙醇。

生物质能的液化转换技术，是将生物质经粉碎预处理后在反应设备中添加催化剂或无催化剂，经化学反应转化成液化油。美国、新西兰、日本、德国、加拿大等国家都先后开展了研究开发工作，液化得率已达到绝干原料的 50%以上。欧盟组织资助了三个项目，以生物质为原料，利用快速热解技术制取液化油，已经完成 100 kg/h 的试验规模，并拟进一步扩大至生产应用。

1.1.2 国内研究现状

我国生物质利用研究开发工作起步较晚。二十世纪八十年代以来随着经济的发展，生物质利用研究工作逐步得到政府和科技人员的重视。主要研究领域集中在气化、固化、热解和液化的研究方面。

生物质气化技术的研究在我国发展较快。中国林业科学研究院林产化学工业研究所从八十年代开始研究开发了集中供热、供气的上吸式气化炉，建成了用枝丫材削片处理，气化制取民用煤气，供居民使用的气化系统。最近在江苏省又研究开发以稻草、麦草为原料，应用内循环流化床气化系统，产生接近中热值的煤气。山东省科学院能源研究所研究开发了下吸式气化炉，主要用于秸秆等农业废弃物的气化，已达到产业化规模。中国科学院广州能源研究所开发了以木屑和木粉为原料，应用外循环流化床气化技术，制取木煤气，以木煤气作为干燥热源和发电，并已建成发电能力为180 kW的气化发电系统。另外北京农业机械化学院、浙江大学等单位也先后开展了生物质气化技术的研究开发工作。

我国生物质的固化技术研究始于八十年代中期，现已达到工业化规模生产。目前国内有数十家工厂，用木屑为原料生产棒状成型物木炭。1990年中国林业科学研究院林产化学工业研究所与江苏省东海县粮食机械厂合作，研究开发生产了单头和双头两种型号的棒状成型机，1998年又与江苏正昌集团合作，共同开发了内压滚筒式颗粒成型机。南京市平亚取暖器材有限公司从美国引进适用于家庭使用的取暖炉，通过国内消化吸收，现已形成生产规模。

生物发酵制气技术在我国已经达到工业化，技术亦日趋成熟，利用的原料主要是动物粪便和高浓度的有机废水。沈阳农业大学从国外引进一套流化床快速热解试验装置，研究开发液化油的技术。另外，中国林业科学研究院林产化学工业研究所进行了生物质催化气化技术研究。华东理工大学还开展了生物质酸水解制取乙醇的试验研究，但尚未达到工业化生产。

1.1.3 发展趋势

自中东战争引发能源危机以来，生物质资源的开发利用研究进一步引起了人们的重视。美国、瑞典、奥地利、加拿大、日本、英国、新西兰等发达国家，以及印度、菲律宾、巴西等发展中国家都分别修订了各自的资源战略，投入大量的人力和资金从事生物质利用的研究开发。根据国外生物质资源利用技术的研究开发现状，并结合我国现有技术水平和实际情况，我国生物质资源利用研究将主要集中在以下几方面：

1. 高效直接燃烧技术和设备

我国人口中的绝大多数居住在广大的乡村和小城镇。其生活用能的主要方式仍然是直接燃烧。剩余物秸秆、稻草松散型物料，是农村居民的主要能源，开发研究高效的燃烧炉，提高使用热效率，仍是应予解决的重要问题。

2. 高效固体成型设备

生物质固体成型燃料在我国将会有较大的市场前景。家庭和暖房取暖用的颗粒成型燃料将会是生物质成型燃料的研究开发热点。

3. 集约化综合开发利用

生物质能尤其是薪材不仅是很好的能源，还可以用来制造木炭、活性炭、木醋液等化工原料。大量速生薪炭材基地的建设，为工业化综合开发利用木质能源提供了丰富的原料。建立能源工厂，把生物质能进行化学转换，产生的气体收集净化后，输送到居民家中作燃料，提高使用热效率和居民生活水平。这种生物质能的集约化综合开发利用，既可以解决居民用能问题，又可通过工厂的化工产品生产创造良好的经济效益，还可为农村剩余劳动力提供就业机会。因此，从生态环境和能源利用角度出发，建立能源薪材基地，实施“林能”结合工程，是切实可行的发展方向。

4. 生物质资源的高效开发利用

生物质资源利用新技术的研究开发包括生物技术高效低成本转化应用研究、常压快速液化制取液化油的研究、催化化学转化技术的研究，以及生物质能转化设备(如流化床技术)研究等。

5. 基础理论和应用研究

基础理论和应用研究包括在生物质能化学转换中催化降解、直接和间接液化机理，高产生物能基因及其变异性规律，生物转化微生物“杂交”等基础理论和应用研究。

1.2　生物质快速热解研究现状

1.2.1　生物质快速热解

生物质快速热解液化是在传统裂解基础上发展起来的一种技术，相对于传统裂解，它采用超高加热速率(10^2～10^4 K/s)，超短产物停留时间(0.2～3 s)及适中的裂解温度，使生物质中的有机高聚物分子在隔绝空气的条件下迅速断裂为短链分子，使焦炭和不凝结气体降到最低限度，从而最大限度地获得液体产品——生物油(bio-oil)。生物油为棕黑色黏性液体，热值达 20～22 MJ/kg，可直接作为燃料使用，也可经精制成为化石燃料的替代物。因此，随着化石燃料资源的逐渐减少，生物质快速热解液化的研究在国际上引起了广泛的关注。自 1980 年以来，生物质快速热解技术取得了很大进展，成为最有开发潜力的生物质液化技术之一。国际能源署组织了美国、加拿大、芬兰、意大利、瑞典、英国等国的 10 多个研究小组进行了 10 余年的研究与开发工作，重点对该过程的发展潜力、技术经济可行性以及参与国之间的技术交流进行了调研，认为生物质快速热解技术比其他技术可获得更多的能源和更大的效益。

生物质快速热解液化产物中，不凝结气体主要由氢气、一氧化碳、二氧化碳、甲烷及2碳至4碳烃组成，可作为燃料气；固体主要是焦炭，可作为固体燃料使用；作为主要产品的生物油，有较强的酸性，组成复杂，以碳、氢、氧元素为主，成分多达几百种，基本不含硫及灰分等对环境有污染的物质。从组成上看，生物油是水、焦及含氧有机化合物等组成的一种不稳定混合物，包括有机酸、醛、酯、缩醛、半缩醛、醇、烯烃、芳烃、酚类、蛋白质、含硫化合物等，实际上，生物油的组成是裂解技术、除焦系统、冷凝系统和储存条件等因素的复杂函数。

生物油具有高度氧化性、相对不稳定、黏稠、腐蚀性、化学组成复杂的特点，因此直接用它来取代传统的石油燃料受到了限制，需要对其进行精制与优化处理，以提高其质量。有人通过加氢精制除去氧，并调整碳、氢比例，得到汽油及柴油，但此过程将产生大量水，而且生物油成分复杂，杂质含量高，容易造成催化剂失活，成本较高，因而降低了生物油与化石燃料的竞争力。这也是长期以来没有很好解决的技术难题。生物油提取高价化学品的研究虽然也有报道，但也因技术成本较高而缺乏竞争力。

快速热解生物油中酚类物质含量高于传统热解。国外有人将这种生物油直接利用作为苯酚的替代物，制备生物油-酚醛树脂，这是到目前为止所发现的热解油直接利用比较成功的例子。

1.2.2 生物质热解动力学研究

尽管几十年来各国学者对热解模型进行了许多研究，但由于生物质快速热解是一种十分复杂的化学反应过程，到目前为止，对热解的一些现象仍然不够明晰，对模型的认识还有盲区。

国外对热解模型研究始于二十世纪七十年代。Kung（1972）对木材的热解过程采用一级反应动力学的假设，得出数学模型。Chan等（1985）研究了木屑、锯末和纤维素、木质素等压缩成直径1 cm的圆柱形样品，从一面加热，确定了其能量方程。Font等（1991）对杏树的热解进行了非等温热重试验和动力学分析，建立了一种伪双组分全局反应模型来描述热解失重动力学。Blasi（1997）建立了质传递模型，解决了热解过程中形成的生物油和气体产物的对流传热和扩散。Chan等（1985）和Koufopanos等（1991）提出了连续和竞争反应模型，用表观动力学方程描述生物质的一次热解反应和二次热解反应。Bilbao等（1997）对空气气氛中松木的热分解进行了非等温失重试验，并使用单组分全局反应模型进行动力学分析。Klose等（1999）用热重仪研究了木材热解过程催化剂对热解行为的影响，并通过试验确定相应的动力学参数。Manyà等（2003）在研究甘蔗渣和木屑的热解时，认为生物质的主要组分半纤维素、纤维素和木质素进行着独立的热降解反应，而生物质热解特性为3种主要组分热解的叠加。

国内对热解模型的研究起步较晚，研究相对较少。宋春财等(2003)建立了生物质的一级反应、平行反应模型(宋春财等，2003；何芳等，2002；刘汉桥等，2003；文丽华等，2004)；刘乃安等(1998，2001)对林木生物质的热解进行了动力学研究，建立了二级反应动力学模型，并建立了描述生物质热解失重过程的双组分分阶段反应模型、准机理模型(pseudo-mechanistic model)。准机理模型有两种：单步全局模型和半全局动力学模型。郭艳等(2001)将现代化学分析领域中重要的分析手段——裂解气相色谱法应用于对杨木快速裂解过程机理的研究。结果表明，杨木裂解过程中主要存在着生成生物油和生成炭的竞争反应和一个生物油二次裂化的连串反应，热解温度、挥发性产物停留时间、升温速率决定着哪一种反应占据主要地位，从而得到完全不同的产物分布。余春江等(2002)基于Broido-Shafizadeh 热解动力学模型进行了验证计算和分析比较，得到了一个新的模型，克服了 Broido-Shafizadeh 模型中由于试验样品较大，样品颗粒内部存在传热限制而导致的动力学参数偏差。何芳等(2003)对 Miller 模型和 Janse 模型进行试验比较：Miller 模型和热解试验较吻合，而 Janse 模型和试验及平行一级反应模型差别较大，对玉米、小麦秸秆快速热解液化进行计算时，建议选用 Miller 模型。蒋剑春等(2003)对木屑在不同的升温速率下热解反应进行研究，得出热解反应动力学模型已经不能用传统的数学模型表示，快速热解反应的机理将不同于人们通常描述的步骤，相应的反应活化能这一重要的物理参数会发生很大变化，并阐述了升温速率与生物质热解动力学的关联性。

1.3　生物油简介

1.3.1　生物油特性

生物油是生物质热解液化的目标产物，为棕黑色单相流体，有强烈刺激性气味(辛辣的烟熏气味)，含有水分和微量固体焦炭，流动性好。生物油由数百种分子量大且含氧量高的复杂有机化合物混合组成，不同种类生物质热解后的生物油在组成上微有不同，但是在黏度、密度、酸度、含水量、含氧量等物理化学性质上基本相似。生物油的密度比水大，含水量较高，含氧量高，热值低(和市场中主要燃料相比)，灰分含量和氮、硫的含量相当少，呈较强的酸性。

研究表明，生物油可以溶于甲醇、丙酮等有机溶剂，但不能与汽油、柴油等矿物油混溶(Sipilä et al.，1998)。生物油作为高含氧量、高含水量的碳氢混合物，在物理和化学性质上存在不稳定因素，长时间存放和高温环境下，其物理化学特性会迅速朝着不利于其应用的方向改变，发生相分离和老化等现象。生物油是一种具有清洁性、可再生的燃料，便于储存和运输，具有替代传统化石燃料的潜力，在未来的能源结构中将发挥重要的作用。目前，生物油已经被广泛应用于能源和化工领域，主要表现如下。

(1)用于燃烧。生物油性质均匀、主要燃烧污染物排放低，已有公司直接用生物油取代重油用于锅炉燃烧，同时，生物油可以在燃气轮机、燃气内燃机内燃烧发电，也可以用于热电联产。

(2)通过催化裂解精制汽油、柴油等燃料油。传统的方法主要是脱氧反应，包括加氢裂化和沸石催化裂化。

(3)通过提炼生产具有商业价值的化工产品，如有机氮肥、有机钙盐、酚醛树脂等。已见报道的生物油分离组分包括能与甲醛反应生产树脂的聚酚，用于防冰剂的乙酸钙或乙酸锰、左旋葡聚糖、羟基乙醛、食品工业用的调味品及香精。一项研究专利(Radlein et al.，1997)表明，生物油能与含氮原料包括氨、尿素、蛋白质材料反应生成具有缓释功能的肥料。另外，在生物油里加入石灰可得到脱硫吸收剂 BioLime，这种富含有机钙的生物油在燃烧室尾部燃烧会产生分散性很好且很细的氧化钙，它与二氧化硫反应具有很高的活性。

(4)作为合成气和制氢的原料。目前，生物油作为燃料应用是最简单且应用最广的，要大力开发生物油的其他用途。

1.3.2 生物油利用

随着石油资源不断减少和生态环境恶化，近年来，国内外可再生资源胶黏剂的研究开发十分活跃，新技术、新工艺不断面世。但在世界范围内再生资源胶黏剂的大规模应用仍处于初级阶段。目前只有单宁胶相对应用较多，木素胶黏剂和蛋白质胶黏剂应用得还较少，国内对于利用生物油制备酚醛树脂的研究还鲜见报道。

快速热解生物油组成的大量分析表明,生物油含有 200 种以上的各种有机物，生物油中含有大量的酚类物质，如苯酚、甲酚、邻苯二酚、愈创木酚和邻苯三酚，是替代价格较高的石化产品苯酚制备酚醛树脂胶的优质原料。

美国和加拿大对利用快速热解方法得到的生物油制备胶黏剂进行了较多研究，已经成功地利用生物油替代 30%～50%苯酚制备酚醛树脂胶。制成的生物油-酚醛树脂胶用于压制定向刨花板(OSB)，其可达到加拿大国家标准。生物油胶黏剂已在美国、加拿大一些人造板企业开始工业化应用。

国内对木材和木质植物化学液化后得到的生物油制造木材胶黏剂进行了一些探索。南京林业大学采用苯酚硫酸法，利用花生壳全壳制胶；福建农林大学采用碱处理线型 PF 树脂和花生壳使花生壳液化得到全壳利用；福建农林大学还采用上述类似工艺对马尾松树皮、杉木树皮进行 100%利用，所得胶黏剂均能用于 I 类胶合板生产；吉林林学院利用松树皮，采用酸性条件在低温下改性后，100%用于胶黏剂的制备。但是到目前为止，还没有进行工业化应用，究其原因还是液化产物的活性较低，因此提高生物质液化产物的活性是生物质胶黏剂生产工业化的重要环节。传统热解液化和化学液化法得到的液化产物活性低，制约了生物质胶黏剂工业化的实现。开展快速热解技术的研究，提高生物质液化产品活性，是木材工业实现生物质胶黏剂工业化生产的有效途径。

对木屑、树皮等木材剩余物快速热解生物油研究的目的之一就是利用热解油部分代替苯酚。该方法与已有的单宁、木素胶黏剂的制备相比省略了提取单宁、木质素的工序，能使木屑、树皮直接完全利用。它具有生产工艺简单、原料易得、产品成本低、使用方便、安全、胶合强度高、耐水性能好的特点。此项技术一旦得到推广，树皮等木材剩余物将不再是废弃物，而是造福人类的宝贵资源。

广泛使用热解油必须要提升其品质。热解油中含有大量的含氧活性官能团如羰基，致使热解油的稳定性差。热解油的成分复杂，用一般的蒸馏方法不能有效分离其成分，用一种分析方法也不能解决此问题，而且也不能表征热解油的性质。德国BFH-IWC研究中心的Scholze等(2001)和Bayerbach等(2009)采用PY-GC/MS、FTIR、GPC、^{13}C-NMR、SEC、MALDI-TOF-MS、LDI-TOF-MS、PY-FIMS等分析方法对热解油中的热解木质素(pyrolytic lignin)进行了甲氧基、羟基及羰基等官能团的测定，确定了热解油不溶物即热解木质素的成分、结构及分子量等，并阐明热解木质素的存在影响热解油的特性，如黏度、稳定性等。Oasmaa 等(2008)采用水萃取离心分离热解油，并用糖度计法对分离后的热解油进行表征，利用糖度计测出碳水化合物的质量占热解油的 80%～85%，碳水化合物也是致使热解油老化发生的因素，这些变化也表明了热解油的品质较差。

热解油的性质使得热解油不能作为燃料直接使用，Oasmaa 等(2003a，b，c)对以林业残余物为原料的快速热解油进行了研究，发现热解油中木材萃取物(extractives)的存在使得热解油很容易发生相分离，且随着存储时间的增加和温度的升高其相分离会加快；作为燃油，热解油在燃烧时还会释放出 NO_x 和小颗粒物，在燃气涡轮上使用前还要去除固体和碱金属等；Oasmaa 等(2004)还发现，向热解油中加入乙醇可以降低热解油的黏度和密度，还可增加其热值，从而改善热解油的品质。

1.4　植物细胞壁研究现状

木材由细胞组成，木材细胞经过一系列生长发育成为成熟细胞时，仅剩下木材细胞壁与细胞腔(Grabber et al.，2004)。因此，研究木材细胞壁的形成机理、化学成分和木材细胞壁分层构造，是进行木材深加工与利用的基础(Horvath et al.，

2010）。

木质素是植物细胞壁中含量仅次于纤维素的一种天然高分子有机物，其总量占生物圈中有机碳含量的30%，占木本植物细胞壁干重的16%～35%（Doorsselaere et al.，1995）。陆生植物细胞壁中具有木质素成分是其适应陆地生态环境的重要进化特征之一。细胞内合成的木质素单体渗入到细胞壁中（如木质部的导管、厚壁组织和韧皮部纤维等），形成木质素的聚合体，在维持完整的细胞结构、疏导水分和养料、防御病原菌侵害等方面发挥了重要作用。由此可见，木质素在植物细胞的生长发育中具有重要的生物学功能。

4-香豆酸辅酶A连接酶（4-coumarate：coenzyme A ligase，*4CL*）作用于苯丙烷类代谢途径的第三个步骤，是联系木质素前体和各个分支途径的纽带(赵淑娟等，2006)，*4CL*在木质素生物合成过程中发挥了重要的调控作用（Mäkelä et al.，2010；Yu et al.，2001）。

本书将对植物细胞壁的组成及结构、木质素的分布与合成途径、*4CL*基因的研究进展进行系统综述。

植物细胞壁是存在于植物细胞外围的一层厚壁，是植物细胞区别于动物细胞的主要特征之一（Elorza et al.，1977）。植物细胞壁在保持细胞的完整性，维持细胞的功能等方面具有重要作用。十七世纪，英国人罗伯特·虎克通过自制的简易显微镜发现软木塞上的小空腔，这些小空腔是死亡细胞所留下的细胞壁，这便是细胞理论的起源。在细胞生物学的研究发展初期，细胞壁只是被当成复杂的多糖，仅仅起到了支撑细胞结构功能的作用。但是随着生物学的不断发展，对于细胞壁的研究也不断深入，人们逐渐认识到细胞壁不仅仅支撑构造，还在细胞的生命活动过程中起着十分重要的作用。因此，人们对于细胞壁的化学组成和微观结构的研究也不断深入。

1.4.1　植物细胞壁化学组成

在生物化学方面，植物细胞壁是由多糖、脂类、蛋白质以及少量的芳香族化合物组成。其中多糖的含量占到初生细胞壁总量的90%（Plomion et al.，2001），同时这些多糖对于细胞的功能也具有重要的作用。通常把细胞壁中的多糖分为3类：纤维素、半纤维素和果胶（Obembe，2010）。此外，细胞壁中木质素的含量仅次于多糖，而其他芳香族化合物、脂类和蛋白质等物质在细胞壁中的含量仅为10%左右。

1. 纤维素

纤维素（cellulose）是以D-葡萄糖通过β-1,4-糖苷键的形式连接形成的直链多糖，每条链由几千个葡萄糖组成，这些多糖链聚集成束，形成纤维素微纤丝，并且整齐有序地环绕整个细胞，从而构成了主要的细胞壁骨架(Richet et al.，2011)。如果把细胞壁的结构比喻成钢筋混凝土结构，纤维素就相当于钢筋。纤维素在细胞壁中所占比重很大，一般来说，纤维素约占初生细胞壁干重的 15.30%，在次生细胞壁中的占比比初生细胞壁的占比大，这是由于次生壁的木质化程度高于初生壁的木质化程度 (Montezinos et al.，1980)。

2. 半纤维素

半纤维素(hemicellulose)是另一种存在于细胞壁中的多糖类物质，它的结构与组成和纤维素不同。其以无定形态存在于细胞壁的骨架物质之中，起着基体黏结作用，所以又被称为基质物质(余紫苹，2012)，相当于细胞壁钢筋混凝土构造中的绑捆钢筋(纤维素)的细铁丝。基于目前的知识，半纤维素可以分为三种不同的多糖结构：木聚糖、甘露聚糖、葡萄糖。在细胞壁的不同分区中，半纤维素的分布不同，例如，聚半乳葡萄甘露糖在 ML+P 层中含量仅为 10%，大部分存在于 S 层中。不同类型的植物，半纤维素的分布类型也不同，例如，单子叶植物中半纤维素主要由木聚糖组成，而双子叶植物中只存在少量的木聚糖(许凤等，2006)。

3. 果胶

果胶(pectin)是植物细胞壁中重要的多糖，虽然在次生壁中几乎不存在，但是占初生壁质量的 30%(段双艳，2012)。果胶结构复杂，含有非常多的多聚物。正是因为其复杂性，果胶又被视为细胞壁中最有活力的成分，它能促进细胞壁的生长和细胞内外物质交流，同时在防御病虫害、修复植物损伤等方面发挥重要作用。同聚半乳糖醛酸(homogalacturonic acid，HGA)和鼠李糖半乳糖醛酸Ⅰ(rhamnogalacturonan Ⅰ，RG-Ⅰ)是果胶的两种基本结构。其中 HGA 是半乳糖醛酸(GalA)的多聚物，含有 100～200 个 GalA 残基。一般情况下，RG-Ⅰ由交替的半乳糖醛酸和鼠李糖组成(廖浩锋，2011)，其中 20%～80%的鼠李糖残基 C-4 位置被一个侧链取代，这个侧链是由中性糖残基组成，而且中性糖残基的数目不定，这也就导致了 RG-Ⅰ具有高度的可变性。RG-Ⅱ是果胶的另外一种结构，是一种高度保守的多糖结构，通常通过共价键与一条 HGA 骨架相连。

1.4.2 植物细胞壁结构

木材品质是木材机械加工和高效利用的基础，而木材的构造又是衡量木材材性和利用价值的重要指标(段新芳等，2001)。植物细胞壁的厚度在不同组织中有很大差异，如分生组织细胞具有较薄的壁，而一些具有机械支持作用的细胞，则可形成较厚的壁；另外，细胞年龄不同，则细胞壁的厚度不同。一般在植物细胞生长分化时，幼小的细胞中细胞壁较薄，而随着年龄的增长，细胞壁逐渐变厚（Wimmer et al.，1997）。但是，不论是厚细胞壁还是薄细胞壁，都具有分层的现象。这些分层是细胞的原生质体在不断地新陈代谢过程中依次附加上去的。木材的细胞壁各层的化学组成和物理化学性质都有很大差异（Yang，2004）。在显微镜下，能清晰地看到木材细胞壁的三个层次：胞间层（ML）、初生壁（P）和次生壁（S）。

胞间层是细胞和细胞之间的一层物质，它是植物细胞分裂末期出现的细胞板，将两个相邻的新生细胞隔开，并且把两个细胞的初生壁粘在一起，这是最初的细胞壁。胞间层是两个相邻细胞的初生壁之间的结构物质，因此又称为复合胞间层。它的物理性质和化学性质与胶体物质类似。胞间层从化学组成上来说主要由木质素和果胶物质组成，纤维素含量很少，由于并非由纯系晶体结构组成，胞间层在光学上是各向同性的（Jian et al.，2008）。

初生壁在细胞体积增大以前就开始形成，之后随着细胞体积的增长而增长，直至细胞体积停止增长，在这期间所形成的壁层就称为初生壁。初生壁在开始形成时，主要的组成是纤维素，随着细胞增长速度放缓，逐渐有新的物质沉积，它的厚度也有所增加。和次生壁相比，初生壁薄且有韧性，厚度为 1～3μm，占细胞壁总厚度的 1%左右。初生壁的化学组成除了果胶、纤维素、半纤维素、木质素外，还有酶和糖蛋白。初生壁因为具有纤维素物质，所以具有晶体的特性，光学上呈各向异性。一般来说，初生壁和细胞的原生质体有关系，分裂和生长着的细胞的细胞壁是初生细胞壁（孙静，2009）。另外，具有初生壁而无次生壁的活细胞，可以失去其特殊的细胞形态，能进行细胞分裂，甚至分化成新的细胞类型。正因为如此，仅仅具有初生壁的植物细胞在植物创伤愈合和植株再生中发挥了重要的作用。

次生壁是在细胞停止增长后开始形成的，当细胞达到应有的形状和大小后，细胞腔内的原生质体分泌细胞壁物质填充在初生壁的内侧，使得壁层迅速加厚，这种加厚一直进行到细胞腔内的原生质停止活动为止，此时次生壁也就停止沉积，细胞腔变成中空（Croteau et al.，2000）。次生壁是发育过程中高度特化和经过不可逆变化的细胞的特征。细胞壁各层中，次生壁最厚，占细胞壁厚度的 95%以上。显然，次生壁的形成是细胞的新陈代谢过程从以蛋白质合成为主转变成以碳水化合物为主的结果，这一过程，常常导致细胞死亡。一般次生壁可以分为三层：外层（S1）、中层（S2）和内层（S3），这种复合层存在于次生木质部的一些细胞中，三层在结构和性质上各不相同。从化学组成上看，次生壁主要由纤维素或纤维素和半纤维素的混合物组成。与初生壁相比，次生壁中酶、糖蛋白的含量明显缺乏。同时，木材细胞的次生壁普遍含有木质素，它是次生壁加厚后期填充在纤维素和半纤维素中间的物质（张双燕，2011）。

1.5　木 材 品 质

木材化学成分是调控木材品质和影响利用价值的重要因素，它决定了木材的物理力学性质，是研究木材材性的重要指标(Alain et al.，1996)。木材化学组成受到遗传因素的影响，木材化学组成的遗传规律是木材材性遗传改良的重要研究内容(Weng et al.，2010)。目前，对于木材品质的遗传改良着重利用分子标记和基因工程的手段，并结合传统的遗传改良方式，对树木的表型、基因型进行研究。通过对控制木材化学组成的靶基因的研究以及木材化学成分合成机理的探索，结合工业造纸树木选材指标，逐步选育出适用于造纸、木材加工等领域的木材树种(Boerjan et al.，2003)。

目前对于木材化学组成的研究主要集中在纤维素和木质素方面，对木材品质的研究集中在木材的力学方面(Chen et al.，2007)。早在二十世纪六十年代，我国科研工作者就对杨属的一些树种的纤维形态、木材密度等进行了研究。八十年代，王恺等(1985)对其进行了归纳整理，主要体现木材纤维长度和密度这两个指标与木材力学指标之间的关系。进入二十一世纪，X 射线木材密度计广泛地应用在木材密度的测量中，应用该技术，张文杰等(2003)测定了三倍体毛白杨的木材气干密度，获得了木材横切面密度的二维分布图。杨树木材品质的变异受到环境因素和遗传因素的双重影响，但其主要影响因素还是遗传，因而加强对杨木物理力学性质遗传规律的研究，对改良杨木的品质性状，提高杨树的利用价值具有重要意义。

1.6　木材的形成

木材的形成是一个复杂的多基因调控的结果，涉及木质素、纤维素、半纤维素的合成及其在细胞壁上的相互交联、沉积(Balatinecz et al., 2001; Oksman et al., 1998)。树木的生长包括树木高生长和树木直径生长两个方面。高生长是顶端的分生组织和原分生组织细胞的数量增加，而直径生长则是形成层细胞向内分化生成次生木质部，向外分化生成次生韧皮部的过程。

木质化是由酶介导的，将位于细胞角隅和中层木质素单体聚合的过程。木质化是从细胞壁外部开始沿着细胞壁向内直到细胞壁内表面，最后使整个细胞壁骨架结构完成木质化的过程(Holbrook et al.，1989)。木质化是木质部细胞分化的最后阶段之一，木质素沉积在糖骨架中，填充细胞壁各层之间的空隙，同时，与未纤维化的糖类结合(Zhao et al.，2004)。木质化开始于中层和 S1 区域的角隅，然后扩散穿过次生壁到达细胞壁内表面。中层和初生壁的木质化开始于次生壁开始形成时，而次生壁的木质化则始于次生壁的形成完成时，通过 S3 层的出现进行判断(Keckes et al.，2003)。形成层细胞由数层幼嫩的具有分化能力的细胞组成，其分化成木质部的形成层细胞的分化能力高于分化成韧皮部的形成层细胞，所以木质部和韧皮部的厚度是不同的(许凤等，2006)。

目前，以草本植物为模式植物研究木材形成取得了一定的进展，但是毕竟木本植物的木质化程度和过程与草本植物有一定的差别，将这些研究成果在木本植物上加以验证十分必要。因此以杨树、松树等用材林树种为研究对象，进行木材形成调控机制研究成果的应用性具有现实意义。

1.7 木质素研究现状

1.7.1 木质素结构

木质素是在细胞壁的木质化过程中形成的，它沉积在细胞壁的骨架物质(纤维素)和基质物质(半纤维素)之中，可使细胞壁坚硬，所以称为结壳物质或硬固物质，相当于钢筋混凝土构件中的水泥(O'Malley et al.，1993)。木质素是由 3 种醇单体或单木质酚合成的一种酚类聚合物，即苯丙烷类聚合物，3 种主要单体分别为香豆醇(coumaryl alcohol)、松伯醇(coniferyl alcohol)和芥子醇(sinapyl alcohol)(Halpin，2004；Humphreys et al.，2002)。到目前为止，尚无任何办法能从植物中分离出完全没有变化的原木质素。木质素具有 3 种类型：紫丁香基木质素(syringyl lignin，S-木质素)、愈创木基木质素(guaiacyl lignin，G-木质素)和对羟基苯基木质素(hydroxy-phenyl lignin，H-木质素)(李嘉等，2010；Oksman et al.，1998)。

随着现代分析技术的发展及多种突变体的发现，人们对木质素本质的认识日趋深入，越来越多的研究成果表明，自然界中不仅存在对羟基苯基木质素、愈创木基木质素和紫丁香基木质素，还有一些其他类型的单体也参与了木质素的形成过程，如乙肽化的木质素单体、自由基偶联的产物阿魏酸及其脱氢二聚体，在草本植物的木质素形成时起到晶核的作用(Balatinecz et al.，2001)。

1.7.2 木质素分布

木质素主要存在于细胞壁中，其结构和含量根据植物种类、组织、细胞类型、细胞层及环境条件等的不同而发生变化(Zhong et al.，2010)。木质素含量在树木高度上的分布，随着高度的增加而逐渐降低；针叶树和阔叶树在径向分布上略有不同，针叶树径向木质素含量是心材比边材少、晚材比早材少，而在阔叶树中木质素在径向则无显著差异(武恒等，2011)。

植物体木质素含量在 15%～36%，特别是在木本植物中，木质素是木质部细胞壁的主要组成之一。针叶材(裸子植物)木质素含量为 25%～35%，阔叶材(被子植物的双子叶植物)木质素含量达 20%～25%。单子叶植物(禾本科植物)木质素含量为 14%～25%，而在林木中，木质素占木材干重的 15%～36%(刘晓娜等，2007)。在木质素的单体组成上，裸子植物主要为愈创木基木质素(G)；双子叶植物主要含愈创木基-紫丁香基木质素(G-S)；单子叶植物则为愈创木基-紫丁香基-对羟基苯基木质素(G-S-H)(李金花，2005)。

1.7.3 木质素生物合成途径

植物体中木质素的生物合成途径是多种多样的。至今仍没有生物化学和遗传学方面的研究证实，不同植物、不同组织及不同的环境条件下只有唯一的木质素合成途径。不同的植物、植物的不同组织，木质素的含量和组成都是不同的(陶霞娟，2003)。

目前广泛认同木质素生物合成途径由 3 个部分组成:第一部分为莽草酸途径，即葡萄糖在酶催化下转化为莽草酸的一系列反应过程，莽草酸可进一步转化成苯丙氨酸、酪氨酸和色氨酸，它们是下一步反应的底物；第二部分为苯丙烷途径，即由苯丙氨酸开始，生成一系列的羟基肉桂酸及其 CoA 酯，这是一条植物发育与抗胁迫反应次生代谢途径；第三部分为木质素单体合成途径，将苯丙烷途径生成的羟基肉桂酸 CoA 酯在酶的作用下还原为木质素单体，最后通过脱氢聚合反应，形成木质素聚合体(Dixon et al.，1995)。因此，参与苯丙烷及木质素单体合成途径酶的调控对木质素单体合成有较大影响。尽管对木质素合成途径的研究经历的时间长、成果多，但其生物合成的具体途径仍未完全探知清晰。木质素单体的生物合成途径虽多次修订，但至今仍存在很多争议。

木质素合成是在各种酶作用下的过程，这些酶包括：第二阶段的苯丙氨酸解氨酶、香豆酸-3-羟化酶(C3H)、肉桂酸-4-羟基裂解酶(C4H)、4-香豆酸辅酶 A 连接酶(4CL)；第三阶段木质素单体合成途径的酶：肉桂酰辅酶 A 还原酶(CCR)、肉桂醇脱氢酶(CAD)、松柏醛-5-羟基还原酶(F5H)等，最后，木质素单体在过氧化物酶和漆酶的作用下，聚合成为木质素(O’Malley et al.，1993)。木质素单体在细胞质中合成，然后转运到细胞壁上进行酶催化脱氢聚合反应，最终木质素的聚合物沉积在细胞壁上(Weng et al.，2010)。

1.7.4 木质素生物合成的基因工程研究现状

一般来说，苯丙氨酸或酪氨酸需要经过脱氨作用、羟基化、甲基化、乙肽化与氧化还原等一系列反应，生成香豆醇、松柏醇、5-羟基松柏醇与芥子醇。香豆醇、松柏醇与芥子醇再氧化聚合成木质素。目前，已从许多植物中分离得到了与木质素生物合成相关的酶和基因，研究并通过基因工程技术确定这些酶和基因在木质素合成过程中的定位与其作用机理。因此，目前的研究重点主要放在这两条次生代谢途径上面(李莉等，2007)。

苯丙氨酸被公认为是木质素生物合成的起点，在多数树木中，苯丙氨酸在苯丙氨酸解氨酶(PAL)的催化作用下生成肉桂酸，再在肉桂酸-4-羟基裂解酶、4-香豆酰-CoA 连接酶催化作用下生成香豆酰-CoA，再进入下游的不同分支途径，生成不同的苯丙烷类代谢产物。PAL、C4H 和 4CL 的三个酶催化反应为下游不同分支途径产物的合成提供了前驱体。这些分支合成途径包括木质素单体合成途径、类黄酮合成途径等(Ragauskas et al.，2006)。通过抑制 *PAL*、*C4H* 与 *CCR* 的转基因植物的木质素含量虽然显著下降，但植株的生长过程中伴随矮化、灌木化等非正常生长形态(Ruel，2009)。近年来，利用 *4CL* 与 *CCoAOMT* 基因调控植物木质素合成的研究达到了预期的结果(Guo et al.，2001；Hoffmann et al.，2004；Meyermans et al.，2000)。Kajita 等(1996)和 Hu 等(1999)下调 *4CL* 的表达，转基因植株中的木质素含量明显下降，且并未伴随植株的非正常生长。Zhong 等(2010)通过反义 *CCoCOMT* 技术获得了 *CCoAOMT* 表达量下降的转基因烟草的木质素含量下降 36%～47%。G-木质素含量比 S-木质素含量减少的程度更大，S/G 比值增加。Meyermans 等(2000)抑制杨树种 *CCoAOMT* 表达后，发现木质素含量降低 12%，S/G 比值增加 11%。

另外，将 *PAL* 的负调节基因转入烟草中，发现转基因烟草的木质素含量显著下降，同时 S-木质素和 G-木质素的比例提升。从苜蓿中克隆的 *C4H* 负调节基因转入烟草中，导致木质素含量减少，S-木质素和 G-木质素的比例都降低。随着研究的深入，木质素聚合过程中的关键酶及其功能将逐步被揭示。对其进行表达调控研究，将提高对植物木质素的利用程度。

1.8 *4CL* 基因研究现状

1.8.1 植物 *4CL* 基因的研究

近 20 年来，植物 *4CL* 基因序列在不同的植物中相继被克隆出来。根据 NCBI (National Center for Biotechnology Information)资料，*4CL* 基因的 DNA 或 cDNA 序列已从欧芹(*Petroselinum crispum*)(Lozoya et al.，1988)、水稻(*Oryza sativa*)(Zhao et al.，1990)、拟南芥(*Arabidopsis thaliana*)(Yamada et al.，2003)、烟草(*Nicotiana tabacum*)(Fukuda et al.，1994)、蓝桉(*Eucalyptus globulus*)(Kobasa et al.，2007)和

毛白杨(*Populus tomentosa* Carr.)等 32 种植物中克隆出来。研究人员对已有的 *4CL* 序列系统分析进行了分类，发现植物 *4CL* 基因主要分为两类：第一类为大部分双子叶植物的 *4CL* 基因；第二类为单子叶植物和裸子植物的 *4CL* 基因。经分析得到如下结论，*4CL* 基因与植物的进化过程相关，*4CL* 基因在植物中的进化时间早于单子叶和双子叶植物的分化时间，单子叶植物和双子叶植物分化之前，*4CL* 基因在植物中已经存在。

随着分离鉴定 *4CL* 基因的增多，研究人员发现 *4CL* 具有被多基因编码的特点，表明 *4CL* 基因在植物的进化过程中，随着植物基因组的倍增，*4CL* 基因形成了很多复制，形成了同源的家族基因。目前已知，拟南芥(*Arabidopsis thaliana*)(Ehlting et al.，1999)、大豆(*Glycine max*)(Lindermayr et al.，2002)、覆盆子(*Rubus idaeus* L.)(Kumar et al.，2003)、美洲山杨(*Populus tremuloides*)中存在 2～4 个 *4CL* 家族成员，这些 *4CL* 家族基因成员的出现，与植物进化过程中新功能的产生有着密不可分的联系，因此各个家族成员在基因结构和功能上的相似度不尽相同(李欢欢等，2009)。

尽管 *4CL* 基因已从许多植物中分离得到，但是 *4CL* 基因庞大的家族依然没有全部获知，甚至在拟南芥、杨树等模式植物中，虽然已知全部基因组序列，*4CL* 基因家族的真正范围仍然未知(Ehlting et al.，1999；Hamberger et al.，2004)。造成这种现象的原因可能是 *4CL* 基因具有特殊的表达模式，在目前的研究技术下，还未能正确表达。在特定的时空低丰度表达某些家族成员，从而阻碍了基因家族的鉴定。随着功能基因组学和比较基因组学研究的不断深入，研究人员将逐渐确定不同植物基因组中 *4CL* 基因的数目（田晓明等，2017）。

1.8.2 *4CL* 酶的研究

在木质素生物合成过程中，*4CL* 基因对羟基肉桂酸衍生物的选择性及其表达模式有很大的不同。例如，拟南芥中 *At4CL1* 和 *At4CL2* 编码的同工酶与木质素单体合成密切相关(Cukovic et al.，2001)。*At4CL3* 主要在花中表达，激活 *p*-香豆酸作为查耳酮合成酶底物，催化生物合成类黄酮。*At4CL4* 只在一定的条件下低水平表达，其发育和胁迫诱导的表达机理一直未知。大豆中 *Gm4CL1* 和 *Gm4CL2* 参与植物生长和发育(包括木质化过程)。毛白杨中 *Ptc4CL1* 参与木质部的木质素生物合成，而 *Ptc4CL2* 参与表皮细胞中酚类化合物(如类黄酮)的生物合成(Uhlmann et al.，1993)。综上，同一物种的 *4CL* 基因的不同成员 mRNA 的表达体现出不同器官、组织的特殊性，这可能与不同成员参与不同的分支途径有关。

毛白杨 *4CL1* 对 *p*-香豆酸、咖啡酸、阿魏酸具有很高的亲和力，它们的 K_m 值在 40～60 mol/L 之间，而对肉桂酸有很低的亲和力，对芥子酸几乎没有亲和力；

拟南芥中 *At4CL2* 的最适底物为咖啡酸，对肉桂酸的催化能力很低，对阿魏酸和芥子酸没有亲和力(杨婷等，2011)。大豆中 *Gm4CL2*、*Gm4CL3* 和 *Gm4CL4* 均不能催化芥子酸，而 *At4CL4* 和 *Gm4CL1* 能特异地催化芥子酸。对已知的 *4CL* 氨基酸序列进行对比分析，*4CL* 氨基酸序列中存在保守的肽基序(motif)，包括 AMP 结合功能域(motif Ⅰ)和 Box Ⅱ (motif Ⅱ)。motif Ⅰ 作为底物转录因子(SBP)参与了底物的识别，SBP 的空间大小决定了 *4CL* 能否与羟基肉桂酸衍生物结合(Stuible et al.，2000)。motif Ⅱ 直接参与催化反应，催化作用与稳定蛋白质的活性和空间构象有关(Schneider et al.，2003)。SBP 中的氨基酸 338Val 在 *At4CL4* 和 *Gm4CL*1 中存在特异性缺失，如果对不具有芥子酸催化活性的 *4CL* 基因序列相应位点的氨基酸进行缺失突变技术操作，能够得到功能型蛋白(Hu et al.，2010)。研究人员可以根据这个结论，更好地理解苯丙烷类代谢途径中关键酶的催化行为，并设计具有新功能底物特异性的 *4CL* 蛋白。但 *4CL* 同工酶底物特异性的分子机制并未阐明。要阐明 *4CL* 蛋白结构与功能的关系，最佳的方法就是获得 *4CL* 蛋白的晶体，采集晶体结构数据，解析 *4CL* 蛋白的原子结构和催化机制（田晓明等，2017）。

1.8.3 *4CL* 晶体研究

早在 20 世纪 70 年代，*4CL* 蛋白进入研究阶段，但是 *4CL* 蛋白的三维结构解析研究进展得比较缓慢，其蛋白及晶体的获得成为当前 *4CL* 研究中的一个关键技术。2010 年，胡永林、盖颖等获得了高质量的毛白杨 *4CL* 蛋白质结晶体，并解析出毛白杨 *4CL* 晶体结构(Hu et al.，2010)。毛白杨 *4CL* 基因包含 536 个氨基酸残基，*4CL* 蛋白质结晶体结构由两个有机结合的球状结构域构成。这两个结构域分别为 N-domain 和 C-domain。其中 N-domain 结构域较大，由 434 个氨基酸残基组成，是底物容纳口袋。N-domain 结构域又可以分成 3 个子结构，这 3 个子结构分别为 N1、N2、N3。C-domain 结构域较小，由第 435～536 个氨基酸残基组成，包含了催化位点。根据对 *4CL-APP* 复合体的晶体结构研究发现，C-domain 结构域相对于 N-domain 结构域旋转了 818°，N-domain 结构域中每 355～391 个原子的长度为 1.9～2.2Å，而 C-domain 结构域的每 71～103 个原子的长度为 0.9～1.7Å。*4CL* 具有催化活性的氨基酸残基为 Lys-438、Gln-433 和 Lys-523，底物识别活性的残基为 Tyr-236、Gly-306、Gly-331、Pro-337 和 Val-338。底物识别口袋的大小决定了 *4CL* 的底物功能特异性。

毛白杨 *4CL1* 母体蛋白晶体和衍射单晶的获得，为从分子水平研究 *4CL1* 催化反应和底物选择性的作用机制提供了可能，并为 *4CL* 蛋白参与的次生代谢途径的改造提供了理论依据，在苯丙烷类化合物的生物合成中具有极大的应用价值（田晓明等，2017）。

1.8.4 *4CL* 基因表达与调控研究

在植物次生代谢途径中，大多数基因可以调控，*4CL* 基因也不例外，其在植物不同组织中的差异表达主要受发育和环境因子的双重调控。*4CL* 受发育调控的研究例证很多，在拟南芥中抑制 *4CL* 基因的表达，发现 S 型木质素含量明显降低，但对 G 型木质素影响不大（Lee，1997）。Zhao 等(2004)发现，毛白杨 *4CL* 的表达水平与早材和晚材的形成阶段相符合，在一个生长季节中呈现“双峰”模式。研究人员研究烟草花发育过程中 *4CL* 的时空表达规律，发现在花发育的不同阶段，转基因烟草的心皮、花药、花瓣及萼片中 *4CL* 的表达量存在差异。

除了发育调控外，机械损伤、病原体侵染、紫外线辐射等外界刺激也能使 *4CL* 基因在植物中被激活而表达。目前已证实茉莉酸处理、伤害胁迫处理欧芹的成熟叶片，*4CL* mRNA 均瞬间高丰度增加(Lois et al., 1992)。拟南芥 *At4CL* 基因被创伤、致病菌感染、紫外线的胁迫激活后，*At4CL* 基因家族各成员受胁迫的程度不同。

随着分子生物学尤其是基因测序技术的不断发展，更多不同来源的苯丙烷类代谢途径基因被分离和鉴定，对已知基因序列进行对比分析，发现 *4CL*、*PAL* 和 *C4H* 基因的启动子区域都有保守的“AC”顺式作用元件，包括 boxP、boxA 和 boxL。在诱导因子、紫外线和伤害等胁迫条件下，*4CL*、*PAL* 和 *C4H* 特异性表达是受作用元件控制。Logemann 等(1995)发现，含有紫外线的白光、真菌诱导子和机械伤害都能诱导欧芹 *PAL*、*C4H* 和 *4CL* 基因 mRNA 同时瞬时表达。真菌诱导子处理燕麦叶片后，*PAL*、*C4H* 和 *4CL* 活性同时达到最高水平(Ishihara et al., 1999)。这些都说明了 *PAL*、*C4H* 和 *4CL* 基因的表达具有转录水平上的协同调控作用。因此，以上研究成果有助于研究人员研究苯丙烷类代谢途径和木质素生物合成途径中各个酶之间的相互作用，也为实现多基因的协同表达调控提供了更多的信息（田晓明等，2017）。

1.8.5 *4CL* 基因在基因工程中的应用

对木质素生物合成途径中的关键基因构建该基因的反义、正义或干涉结构的表达载体并进行遗传转化，利用获得的转基因植株，进行基因表达和调控，是对木质素合成途径进行系统研究的普遍技术之一。*4CL* 处于苯丙烷类代谢途径形成不同类型产物的节点上，催化各种羟基肉桂酸生成相应的硫酯，这些硫酯同时也是苯丙烷类代谢途径和各种末端产物生成途径的分支节点。因此，通过基因工程技术上下调节 *4CL* 活性，是对其基因功能分析的重要途径。目前已获得大量 *4CL* 转基因植株，这些转基因植株在 *4CL* 表达、木质素含量、组成和植株发育等方面存在很大差异。

Lee 等(1997)和 Sewalt 等(1997)采用反义手段分别抑制拟南芥和烟草中的

4CL 活性，发现转基因植株中木质素总量明显下降，G-木质素含量降低，S-木质素含量不发生变化，从而导致S/G比值升高，同时转基因植株的生长发育没有受到影响，导管也未发生变形。Xu等(2011)通过RNA干涉手段抑制柳枝稷(*Panicum virgatum*)中 *4CL* 的活性，转基因柳枝稷 *4CL* 活性降低80%，木质素总量、G-型木质素含量都显著降低，而转基因植株的生物量、纤维水解能力显著提高，同时导管形态未发生变化。Hu等利用反义RNA手段抑制山杨(*Populus davidiana*) *4CL1* 基因活性，发现 *4CL1* 活性急剧下降，转基因株系中木质素总量下降最大，且根、茎、叶生长势增强，纤维素含量明显增加，转基因植株中木质素与纤维素的含量存在互补调控作用。

我国研究人员对 *4CL* 基因调控木质素的生物合成进行了系统的研究。李金花(2005)以毛果杨+美洲黑杨杂种 H11 为研究对象，获得了杨树 *Ptd4CL3* 的全长cDNA 序列，并通过 Northem 杂交证实，*Ptd4CL3* 在木质部中表达量最高。将 *Ptd4CL3* 正义、反义基因分别导入白杨派杂种无性系717中进行研究，分析表明，正义和反义 *4CL* 基因调控均使转基因杨树 *4CL* 活性和木质素总量降低，并且反义调控比正义调控对基因活性的抑制作用更明显，且所有转基因植株的形态和生长发育未见异常。李桢(2009)通过反义抑制 *4CL* 基因表达获得的转基因毛白杨中存在极少数轻度形变或发育不良的导管，但转基因杨生长状态良好。陆海(2002)将组成型启动子 *CaMV35S* 及形成层定位启动子 *GRP1.8* 分别和反义毛白杨 *4CL1* 基因融合，并分别导入烟草中，获得了转基因烟草，并对转基因烟草纤维素和木质素含量进行对比分析。结果表明，*CaMV35S* 启动的反义 *4CL1* 转基因烟草纤维素含量比对照组提高了11.4%，而木质素含量降低了19.1%；*GRP1.8* 启动的反义 *4CL1* 转基因烟草木质素含量较对照组平均下降了13.7%，而纤维素含量提高了15.6%（田晓明等，2017）。

1.9 本书研究的目的、思路和内容

1.9.1 目的

生物质能源化利用是目前开发新型能源的热点，生物质快速热解是生物质能源的利用技术中液相转化率最高的技术，快速热解液化产物的利用直接受液化产品成分的影响，快速热解液化产品成分受快速热解植物原料的化学组成约束。天然树木的化学组成不利于目标快速热解液化产品的生产，通过基因调控培育出适用于生产快速热解液化产品的树木是目前生物质能源化高效利用的具有创新性的基因工程。本书通过田晓明提供的基因调控杨木(GM杨木)与天然杨木对比分析其热解特性、热解液化产品特性及利用，结合田晓明提供的该杨木（GM杨木）

基因调控技术资料，分析探索基因调控对生物质能源化利用的价值及意义。

本书采用的是利于造纸工业的基因调控的杨木。木材品质是木材机械加工和高值化利用的基础。目前对杨树木材品质的研究主要集中在木材解剖性质、物理力学性质以及化学成分等方面(Balatinecz et al., 2001)。木材化学组成是影响木材物理力学性质的重要因素，而木材的构造是木材利用的物质基础(Koehler et al., 2006)。木质素是木材细胞壁的重要组成之一，对于木材的化学组成、木材构造、木材品质等方面起到了重要作用。木材快速热解转化生物油受到原料化学组成的影响，因此，开展木质素生物合成途径及其调控机理的研究对于充分利用木材生产目标产物具有一定的理论意义，又具有潜在的应用前景。

已有的研究表明，抑制 *4CL* 基因表达，不仅能调控木质素的含量，还能调控纤维素的含量。阿魏酸、咖啡酸通过 *4CL* 催化转化为相应的 CoA 酯，但是大多数的 *4CL* 不能催化芥子酸生成芥子酰-CoA，因此，*4CL* 是否为芥子醇和 S-木质素生物合成的基因还不确定，*4CL* 在木质素生物合成中的作用还需要深入研究。木材的形成过程是木材细胞壁中纤维素、木质素、半纤维素、果胶等组分组成、累积、交联和沉淀的过程，已知的 *4CL* 调控细胞壁化学成分研究主要体现在纤维素和木质素含量的变化上，但在细胞壁中其他多糖的含量、组成以及细胞壁解剖特性的研究未见报道，因此开展转 *4CL* 基因植株细胞壁组分和结构分析，对于研究木材的形成过程及木材快速热解能源化利用具有十分重要的意义。目前研究木质素的目标仍然集中在降低木质素的含量，调节木质素组成，从而降低造纸成本，减轻环境污染。杨树在生物质能源化、生产家具、木材加工等领域也具有巨大价值，开展转 *4CL* 基因杨树木材品质研究十分重要。

1.9.2　本书研究思路和内容

GM 杨木来源：北京林业大学生物实验室于 2005 年从刺槐中克隆出 *GRP1.8* 启动子(GenBank 注册号：AF250148)，从毛白杨中克隆出 *4CL1* 基因(GenBank 注册号：AY043495)，利用 *4CL1* 和 *GRP1.8* 启动子构建 *4CL1* 正义、反义、干涉表达式载体并成功转化毛白杨 741，得到了转 *4CL* 正义、反义、干涉的转基因毛白杨，本书中称其为基因调控杨木（GM 杨木）。本书通过对实验室基因调控杨木分别从基因表达、细胞壁全组分、木材品质、热解特性、热解产物利用等角度进行阐述，揭示、阐述 *4CL1* 基因及其表达酶在树木生长与木材形成和木材品质及热解性能、热解产物利用上的重要作用。研究内容为以下 4 个方面：

(1)转 *4CL1* 基因毛白杨（GM 杨木）细胞壁全组分介绍。

(2)转 *4CL1* 基因毛白杨（GM 杨木）木材品质介绍。

(3)转 *4CL1* 基因毛白杨（GM 杨木）热解特性研究。

(4)转 *4CL1* 基因毛白杨（GM 杨木）热解产物利用。

第 2 章　转 *4CL* 基因毛白杨木质素

2.1　转 *4CL1* 基因毛白杨木质素合成

调控木质素含量引起的基因多效性反应，在不同的树种、不同的组织中是不同的，这为研究木质素途径调控增加了困难。已有研究报道表明，转反义 *4CL* 基因能明显降低转基因植株细胞壁中木质素的含量，从而降低纸浆造纸成本，提高生物乙醇的生产得率。

2.1.1　材料和仪器

植物材料：赵艳玲和陆海于 2006 年获得的转正义、反义、干涉毛白杨，并经过多年连续分子检测验证，树龄为 5 年转基因毛白杨分为转正义 *4CL1* 毛白杨 S-23、部分转反义 *4CL1* 毛白杨 A-41、全长转反义 *4CL1* 毛白杨 A-51、转部分干涉 *4CL1* 毛白杨 R-21、全长转干涉 *4CL1* 毛白杨 R-11。

试验试剂：吲哚-3-乙酸（IAA）、乙酸乙酯、Tris-HCl、氯化镁、甲醇、CoA、去离子水、ATP、EDTA、溴化乙啶、TAE、甘油、氢氧化钠。

试验仪器：玻璃棒、标签、托盘、烘箱、干燥器、C_{18} 的 Sep-Pak 柱（2.5 mm，150 mm，2.5 mm，3.5 mm，美国 Agilent）、MCX 固相萃取柱（Oasis：美国 Waters）、高效液相色谱-质谱联用仪（Thermo Finnigan，美国 San Jose）。

2.1.2　试验方法

1. 转基因载体构建与遗传转化

Pt4CL1 基因（GenBank 登录号：AY043495）和 *GRP1.8*（GenBank 登录号：AF250148）分别克隆自毛白杨和刺槐。转基因载体构建如图 2-1 所示。由图可知，转基因载体分为 3 类，转 *Pt4CL1* 全长正义转化载体、转 *Pt4CL1* 部分和全长反义转化载体、转 *Pt4CL1* 部分和全长干涉转化载体。而且转正义和反义 *Pt4CL1* 基因的植物转化载体为 *pBI101*，该载体的启动子为 *GRP1.8* 启动子，转干涉 *Pt4CL1* 基因的植物转化载体为 *pBI121*，该载体的启动子为 *CaMV35S* 启动子。构建的 3 类载体均成功转化毛白杨（图 2-2）（此部分由赵艳玲和陆海完成），获得的转基因植株通过 PCR 技术和 Southern 杂交验证后，移栽至试验地（此部分由赵艳玲和陆

海完成)。试验地设在河北省深州市北四王村，地处北纬 37°03′～38°23′，东经 115°10′～116°34′，海拔高度 57 m，年平均气温 11.9℃，年降水量 615.6 mm，年总日照时数 2637 h，无霜期 209 d。试验地排水良好，肥力中等，土壤砂质。

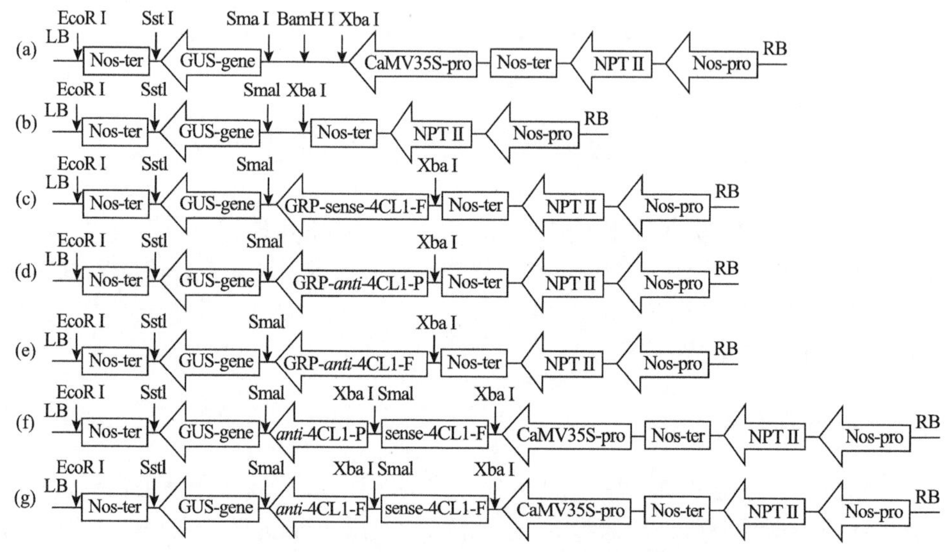

图 2-1　转正义、反义、干涉载体构建图

(a)和(b)*pBI 121* 和 *pBI 101T-DNA* 插入区域；(c)p-sense-*4CL1*，包含 *4CL1* 正义全长片段；(d)和(e)p-*anti*-*4CL1*-P 和 p-*anti*-*4CL1*-F，分别包含 *4CL1* 反义部分和全长片段；(f)和(g)p-RNAi-*4CL1*-P 和 p-RNAi-*4CL1*-F，分别包含 *4CL1* 部分和全长干涉片段

图 2-2　转基因毛白杨遗传转化、植株再生各个阶段

(a)叶片愈伤组织共培养后，被转移到再生培养基；(b)该愈伤组织转移到分化培养基中；(c)和(d)转基因植物转移到生根培养基上生长；(e)移栽至大田的转基因毛白杨；(f)5 年生转基因毛白杨

2. 木质素生物合成途径相关基因表达

采用半定量 PCR 法分析转 *4CL1* 基因毛白杨在 mRNA 水平基因表达的变化。将毛白杨形成层取下制成样品，参照 RNA 提取试剂盒(美国 Invitrogen)提取总 RNA，方法如下：

(1)液氨研磨：将一定量的形成层鲜样放入研体中，加入少量液氨，迅速研磨，待组织变软，再加入少量液氨，再研磨，如此五次，装入预冷的 1.5 mL 的离心管中。

(2)匀浆：将组织样品按 50～100 mg/mL Trizol 加入到 Trizol，迅速旋涡混合或轻轻拍打离心管保证混合均匀，室温放置 5 min，使其充分裂解。

(3)12000 r/min 离心 5 min，取上清液，除去沉淀。

(4)按 200μL 氯仿/mL Trizol 加入氯仿，用手摇动离心管 15 s，或用枪头吹打混匀 5 min，室温放置 15 min。注：禁用旋涡振荡器，以免基因组 DNA 断裂。

(5)4℃ 12000 r/min 离心 15 min。

(6)吸取上层水相，至另一离心管中。

(7)按 0.5 mL 异丙醇/mL Trizol 加入异丙醇混匀，室温放置 5～10 min。

(8)4℃ 12000 r/min 离心 10 min，除去上清液，RNA 沉于管底。

(9)按 1 mL 75%乙醇/mL Trizol 加入 75%乙醇，温和振荡离心管，悬浮沉淀。

(10)4℃ 8000 *g* 离心 5 min，除去上清液。

重复步骤(9)～(10)。

室温晾干或真空干燥 5～10 min，用 30～50μL H_2O，TE 缓冲液或 0%～5% SDS 溶解 RNA 样品。

通过紫外分光光度法检测得到 RNA 样品的浓度，并用 Fermentas 公司第一链 cDNA 合成试剂盒反转录成 cDNA，RT-PCR 产物在 1%琼脂糖凝胶电泳分离，并用溴化乙啶染色。RT-PCR 方法重复 3 次，使用 Quantity One 软件对试验结果进行分析。反转录方法如下：

(1)将试剂盒所有溶解混匀后的组分离心后，置于冰上，按顺序加入下列试剂：①Template RNA，0.1～0.5μg；②Oligo(dT) 18 引物，1μL；③H_2O，<12μL；④总量，12μL。

(2)混匀离心管经过 65℃保温 5 min 之后冷藏在冰上，离心并将样品重置于冰上。

(3)按下列顺序加入以下试剂：①5 × 反应缓冲液(5 × reaction buffer)，4μL；②Ribolock^{TM} RNase 抑制剂(inhibitor)，1μL；③10 mmol/L dNTP mix，2μL；④Revert Aid^{TM} M-MMLv 逆转录(reverse transcription)，1μL；⑤总量，10μL。

(4)轻柔混匀离心。

(5) 42℃水浴 60 min。

(6) 70℃保温 5 min，终止反应。

2.1.3 结果与分析

植物的次生代谢是植物在生长过程中被环境（生物的和非生物的）长期作用的结果（Douglas，1996）。苯丙烷类代谢是植物主要的次生代谢途径之一。苯丙氨酸通过该途径可产生许多具有不同功能的代谢产物，如木质素、黄酮类化合物等都是由苯丙烷类代谢途径产生的（Aziz et al.，1998）。酚酸类物质为对羟基苯甲酸或对羟基肉桂酸的衍生物，是植物次生代谢的产物，一般存在于高等植物体中，对木质素的生物合成有影响，同时还与植物的生长、抗逆有关（Bok et al.，2006）。常见的酚酸类物质有香豆酸、咖啡酸、没食子酸、阿魏酸、水杨酸和单宁等。目前，采用高效液相色谱法分离酚酸的研究已有很多报道，如研究人员已从草莓（Seeram et al.，2005）、蓝莓（Ayaz et al.，2005）、毛刺（Plazonić et al.，2009）、山榄（Chen et al.，2012）和丹参（刘晓娜等，2007）中分离并鉴定了各种酚酸类物质，但是，采用高效液相色谱-质谱联用技术（HPLC-MS）定性定量测定酚酸含量的研究并不多见（Pichersky et al.，2000）。介绍酚酸的分离方法很多，但由于所提取的酚酸的性质不同、植物材料不同而有所差异，目前鲜有既适用于草本植物又适用于木本植物的酚酸的提取分离方法。另外，由于芥子酸和肉桂酸在植物体中含量较低，对其分析研究未见报道。本章介绍了基于 HPLC-MS 的提取分离酚酸的方法，这种方法同时分离鉴定植物中 7 种酚酸[咖啡酸（CA）、丁香酸（SyA）、水杨酸（SaA）、*p*-香豆酸（pCA）、阿魏酸（FA）、芥子酸（SiA）和肉桂酸（CiA）]，并采用内标法对这 7 种酚酸进行定量分析。采用这种方法对转 *4CL1* 基因毛白杨中与木质素合成相关的 5 种酚酸的含量进行测定。

2.2 酚酸的 HPLC-MS 分析

2.2.1 材料和仪器

1. 植物材料

毛白杨根、茎、叶、芽。

2. 试剂与仪器

试剂：乙腈和甲酸（Fisher 公司），肉桂酸、*p*-香豆酸、咖啡酸、阿魏酸、芥子酸、水杨酸、丁香酸、*o*-香豆酸（纯度>99%，Sigma 公司）均为色谱纯，其余有机试剂均为分析纯，乙酸乙酯、氢氧化钠、盐酸为分析纯。

仪器：液相色谱为 HPLC（美国 Thermo Finnigan 公司），色谱柱为 C_{18} 柱（Agilent），规格为 3.5 mm × 150 mm，2.1μm；检测器为离子阱质谱仪；Millipore 超纯水仪（Millipore 公司）；Branson 3510 超声波发生仪（Branson 公司）。

2.2.2　试验方法

1. 试验样品制作

样品处理方法参照 Robards 等（1999）和 Ayaz 等（2005）的研究并加以改进，具体步骤如下：称取新鲜组织 0.5 g，在液氮条件下研磨，研磨后倒入 50 mL 聚乙烯管中。加入 5 mL 80%甲醇及少许抗氧化剂，超声 30 min，4℃下浸提 24 h，5 mL 80%甲醇浸提液中含有内标 *o*-香豆酸 50 ng。浸提液 10000 *g*，低温离心 20 min，取上清液。再用 80%甲醇浸提 1～2 h，再取浸提液 10000 *g*，低温离心 20 min，去掉沉淀，取上清液。将两次所得上清液合并，加入少许活性炭，4℃下静置 30 min，再次低温离心去除活性炭。45℃减压蒸馏此浸提液，将有机相去除，留水相置于 15 mL 尖底离心管中，加入 1.2 mL 1 mol/L NaOH，密封后放置于 20℃摇床中，100 r/min 消化 4 h。取出过滤，滤液用乙酸乙酯萃取 3 次，弃去乙酸乙酯相，水相经 1 mol/L HCl 酸化，乙酸乙酯抽提 3 次，合并有机相后，减压蒸馏有机相。最后，以 100 μL 的 10%甲醇复溶，过 0.22μm 微孔滤膜，待 HPLC-MS 进样。

2. HPLC-MS 色谱/质谱条件

流动相 A：甲醇；流动相 B：0.1%甲酸；流速为 0.15 mL/min；流动相梯度洗脱程序如表 2-1 所示；柱温为 25℃；进样量为 20μL。

表 2-1　流动相梯度洗脱程序

时间（min）	流速（mL/min）	0.01%甲酸体积占比（%）	甲醇体积占比（%）
0	0.15	95	5
2	0.15	95	5
25	0.15	83	17
40	0.15	80	20
55	0.15	77	23
59	0.15	55	45
74	0.15	40	60
77	0.15	0	100

质谱条件：电喷雾电离（ESI）方式；多反应监测；扫描范围：50～300 *m/z*；

喷雾电压：4.5 kV；离子源温度：300℃；鞘气：40 Arb；辅助气：10 Arb；套管透镜补偿电压：20 V；毛细管电压：–31V；驻留时间：50 ms。

3. 标准酚酸定性定量

分别称取咖啡酸等 7 种酚酸以及内标（*o*-香豆酸，ISTD）标准品 1 mg，溶解于 1 mL 甲醇并封于样品瓶中，作为标准储备液，于–40℃保存备用。使用前，根据试验需要将各标准储备液用甲醇稀释至适宜含量，配制标准工作液和混合标准工作液。取 20μL 混合标准溶液通过色谱/质谱进行分析。

2.2.3　结果与分析

1. 标准酚酸的谱图

对各项质谱条件参数进行优化，使各被测物灵敏度最高、信号最稳定、响应值达到最佳。各酚酸的质谱图如图 2-3 所示，各酚酸的准分子离子、二级碎片、碰撞能量如表 2-2 所示。

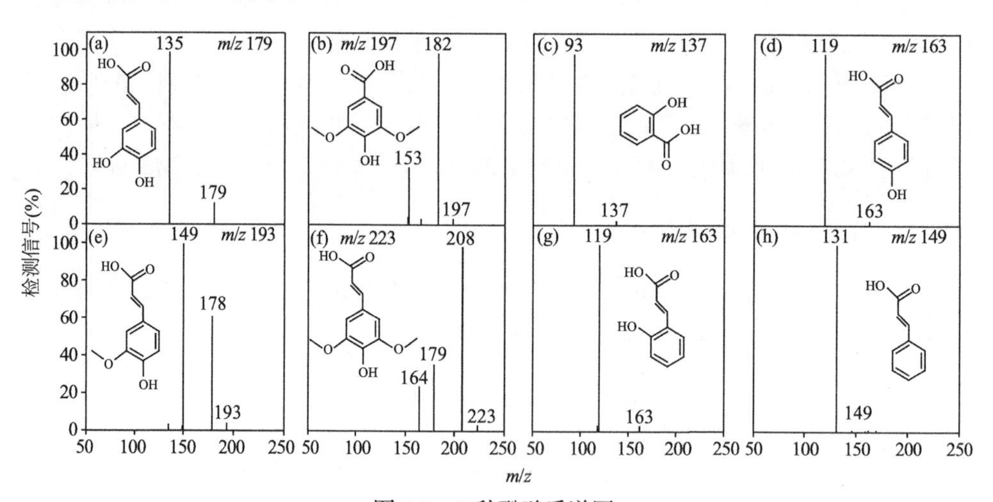

图 2-3　8 种酚酸质谱图

(a)咖啡酸；(b)丁香酸；(c)水杨酸；(d)*p*-香豆酸；(e)阿魏酸；(f)芥子酸；(g)*o*-香豆酸；(h)肉桂酸

表 2-2　酚酸的质谱检测条件

酚酸	分子量	准分子离子 *m/z*	二级碎片 *m/z*	碰撞能量(eV)
咖啡酸	180	179	40	135.3
丁香酸	198	197	40	153，182
水杨酸	138	137	35	93
p-香豆酸	164	163	35	119

续表

酚酸	分子量	准分子离子 *m/z*	二级碎片 *m/z*	碰撞能量(eV)
阿魏酸	194	193	35	149，178
芥子酸	224	223	40	164，179，208
o-香豆酸	164	163	35	119
肉桂酸	148	149	35	131

2. 标准酚酸浓度与色谱峰面积相关性

每种酚酸分别配制成 1.953 ng/μL、3.906 ng/μL、7.813 ng/μL、15.625 ng/μL、31.625 ng/μL、125 ng/μL、500 ng/μL 7 种不同浓度的酚酸混合标准溶液，将这 7 种浓度的标准液进行 HPLC-MS 检测。每个不同浓度混合标样重复进样 3 次。以峰面积 *Y* 为纵坐标，质量浓度 *X* 为横坐标，计算酚酸的相关系数(表 2-3)。7 种酚酸均有良好的线性关系，相关系数在 0.9942～0.9996 之间。

表 2-3　酚酸分离鉴定方法评估

酚酸	保留时间(min)	回归方程	线性范围(pmol)	R^2	LOD (pmol) ($S/N\geqslant5$)	LOQ (pmol) ($S/N\geqslant10$)	回收率(%)	RSD (%)
咖啡酸	30.67±0.07	$y=3\times10^6x+2\times10^6$	0.29～1190.48	0.9976	0.15	2.32	75.44±4.91	9.10
丁香酸	37.25±0.53	$y=207104x+13325$	56.62～1811.59	0.9990	0.88	56.62	75.79±1.73	3.56
水杨酸	39.60±0.06	$y=959648x+34962$	2.46～1262.63	0.9994	1.23	2.46	103.58±5.06	7.12
p-香豆酸	42.28±0.21	$y=4\times10^6x+661855$	0.41～1689.19	0.9996	0.41	6.60	94.66±2.12	8.92
阿魏酸	52.61±0.08	$y=1\times10^6x-525483$	15.24～1524.39	0.9995	2.98	15.24	92.50±1.80	11.11
芥子酸	59.28±0.07	$y=2\times10^6x-2\times10^7$	37.78～1388.89	0.9948	5.43	37.78	78.43±3.46	6.33
o-香豆酸	66.62±0.03	$y=2\times10^6x+6\times10^6$	10.31～1288.66	0.9979	0.16	10.31	98.54±2.23	9.15
肉桂酸	73.54±0.02	$y=33476x+1762.3$	66.96～1116.07	0.9942	2.18	200.89	76.99±2.33	9.54

3. 浓度测试的精度分析

如表 2-3 所示，7 种酚酸色谱峰面积与浓度的直线性相关性极好，定量限(LOQ)为 2.32～200.89 pmol，除肉桂酸以外，所有酚酸的定量限均在 100 pmol 以下，另外，所有酚酸的最低检测限(LOD)均在 6 pmol 以下(0.15～5.43 pmol)。

4. 植物样品组织中酚酸含量定量分析

为了评估这种方法的广谱性，对毛白杨根、茎、叶、芽等组织的酚酸含量进行了分离测定，结果见表 2-4。由表可知，在 4 种植物中，木本植物的茎中的总酚酸含量高于其他组织，同时木本植物中总酚酸含量高于草本植物，这可能是因为不同的植物、不同的组织中各种酚酸所参与的次生代谢的强度不同(Vos et al., 2007)。另外，每种植物的不同组织中都有一类主要酚酸，如毛白杨芽和叶片中酚酸以咖啡酸为主，而茎中则是以 *p*-香豆酸为主，根中的酚酸含量普遍偏低，但是 *p*-香豆酸含量是其他酚酸含量的 1.5～250 倍。图 2-4 所示为酚酸标样和样品中酚酸分离色谱图。

表 2-4 毛白杨组织中酚酸含量(μg/g)

植物体		肉桂酸	*p*-香豆酸	咖啡酸	阿魏酸	芥子酸	丁香酸	水杨酸
毛白杨组织	芽	3.39±0.66[1]	216.23±5.19	334.22±14.91	64.03±2.59	0.01±0.01	0.06±0.03	1.53±0.29
	叶	26.50±1.00	270.91±12.68	313.11±15.57	106.73±6.67	3.56±0.03	0.14±0.08	18.84±1.71
	茎	23.17±2.00	507.24±12.24	15.83±0.22	228.43±2.65	0.02±0.01	10.31±0.64	29.49±2.20
	根	3.31±0.30	27.31±0.54	4.17±0.07	18.05±0.12	ND[2]	0.11±0.02	2.18±0.13
拟南芥	叶	2.06±0.87	1.46±0.06	0.17±0.02	1.52±0.12	12.58±7.33	0.15±0.08	2.02±0.10
	茎	1.71±0.19	3.40±0.11	0.48±0.01	1.99±0.11	34.43±1.12	2.89±0.49	1.79±0.16
	根	9.03±6.89	11.17±0.47	0.35±0.08	3.57±0.32	7.48±1.27	0.80±0.39	11.85±0.21
普通烟草	叶	28.38±3.50	61.95±22.96	7.63±0.08	13.39±1.49	0.02±0.01	1.39±0.91	15.08±2.34
	茎	1.22±1.07	0.55±0.01	0.01±0.01	0.59±0.04	ND	1.13±0.18	0.88±0.07
	根	0.48±0.29	2.74±0.24	1.62±0.32	26.15±2.81	1.13±0.06	0.03±0.02	0.39±0.07
水稻	地面上	ND	54.09±1.64	1.04±0.05	38.48±1.03	0.02±1.03	2.04±0.17	93.75±1.72

注：①平均值±SD(n=3)；②ND 表示没有检测到。

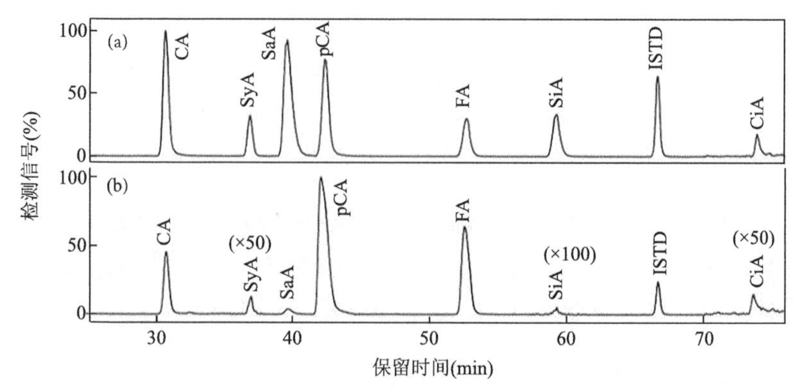

图 2-4 酚酸标样和样品中酚酸分离色谱图

(a)标样；(b)毛白杨茎

2.2.4 讨论

通常情况下，植物体中的酚酸有两种存在形式，即自由态和结合态，结合态酚酸通常与其他物质一起以酯、苷等形式存在(Swatsitang et al.，2000；Márquez，2005)。植物的生理活动中，酚酸物质很容易从一种形式转换到另一种形式(Zheng et al.，2000)，因此，酚酸又被称作碱不稳定的化合物(Olofsdotter et al.，2002)。另外，盐酸酸化导致酚酸从醇不溶性物质转变成可溶性酚酸(Croteau et al.，2000)。随着基因组计划的进一步发展，模式植物的次生代谢产物研究将起到越来越重要的作用。同时，酚酸作为木质素生物合成的前驱体，虽然已在大量草本植物中得到分离，但对于次生代谢物含量多、木质化程度高的木本植物，其分离鉴定研究相对较少。

2.3 转*4CL1*基因毛白杨酚酸含量分析

2.3.1 材料和仪器

1. 植物材料

转正义、反义、干涉*4CL1*基因毛白杨，株系编号分别为S-23、A-41、A-51、R-21、R-11。

2. 试剂与仪器

试剂：色谱纯乙腈和色谱纯甲酸(Fisher公司)、肉桂酸、*p*-香豆酸、咖啡酸、阿魏酸、芥子酸、水杨酸、丁香酸、*o*-香豆酸(纯度>99%，Sigma公司)色谱纯，其余有机试剂均为分析纯。乙酸乙酯、氢氧化钠、盐酸为分析纯。

仪器：液相色谱为HPLC(美国Thermo Finnigan公司)，色谱柱为C_{18}柱(Agilent)，规格为 3.5 mm × 150 mm，2.1μm；检测器为离子阱质谱仪；Millipore 超纯水仪(Millipore公司)；Branson 3510超声波发生仪(Branson公司)。

2.3.2 试验方法

样品处理方法参照Robards等(1999)和Ayaz等(2005)的研究并加以改进，具体步骤如下：称取新鲜组织0.5 g，在液氮条件下研磨，研磨后倒入50 mL聚乙烯管中。加入5 mL 80%甲醇及少许抗氧化剂，超声30 min，4℃下浸提24 h，5 mL 80%甲醇浸提液中含有内标*o*-香豆酸50 ng。浸提液10000 *g*，低温离心20 min，取上清液。再用 80%甲醇浸提 1～2 h，再取浸提液 10000 *g*，低温离心 20 min，去掉沉淀，取上清液。将两次所得上清液合并，加入少许活性炭，4℃下静置 30 min，再次低温离心去除活性炭。45℃减压蒸馏此浸提液，将有机相去除，留水相置于 15 mL 尖底离心管中，加入 1.2 mL 1 mol/L NaOH，密封后放置于 20℃摇床中，100 r/min 消化 4 h。取出过滤，滤液用乙酸乙酯萃取 3 次，弃去乙酸乙酯相，水相经 1 mol/L HCl 酸化，乙酸乙酯抽提 3 次，合并有机相后，减压蒸馏有机相。最后，以 100 μL 的 10%甲醇复溶，过 0.22μm 微孔滤膜，待 HPLC-MS 进样。

2.3.3 结果与分析

1. 转 *4CL1* 基因毛白杨酚酸含量分析

为探知调控 *4CL1* 基因对酚酸含量的影响，测定转基因毛白杨形成层中酚酸的含量。初步分析结果显示，调控 *4CL1* 的表达改变了木质素前驱体的累积(酚酸)。通过对转 *4CL1* 基因毛白杨酚酸含量的比较分析发现，下调 *4CL1* 的表达后(A-41，A-51，R-21，R-11)，都可引起部分酚酸的累积，如香豆酸、阿魏酸和肉桂酸含量相对于野生型有不同程度增加。另外，在咖啡酸、阿魏酸累积较显著的转基因株系中(A-41，R-21)，芥子酸的含量也相应地增加。

2. 转 *4CL1* 基因毛白杨酚酸含量与木质素合成相关基因表达量相关性分析

4CL 是木质素生物合成的关键酶之一，位于苯丙烷类代谢途径与木质素特异合成途径的分支节点上，催化各种羟基肉桂酸生成相应的辅酶 A 酯，进而催化下游的木质素单体合成，因此，增加、阻断或减少 *4CL1* 基因的表达，会对合成路径上下游的底物和酶催化产生影响。对酚酸含量和木质素合成相关基因的表达量进行相关性分析(表 2-5)后发现，*CCR*、*CAD* 和咖啡酸与 *4CL1* 呈明显的正相关关系，同时各酚酸之间也呈一定的正相关关系。酚酸和木质素单体合成途径相关基因表达量的这种相关性说明木质素单体的合成不是由某一个或某几个基因所决定的，同时木质素单体的合成受到该途径中所有酶和底物的影响。

表 2-5 酚酸含量与木质素生物合成相关基因的相关关系

	4CL1	*CCR*	*CAD*	*COMT*	*CCoAOMT*	*F5H*	*CnA*	*pCA*	*CA*	*FA*	*SA*
4CL1	1.000										
CCR	0.829**	1.000									
CAD	0.530*	0.549*	1.000								
COMT	0.473	0.131	0.140	1.000							
CCoAOMT	0.162	0.178	−0.331	−0.431	1.000						

续表

	4CL1	*CCR*	*CAD*	*COMT*	*CCoAOMT*	*F5H*	*CnA*	*pCA*	*CA*	*FA*	*SA*
F5H	−0.663**	−0.656**	−0.230	−0.459	0.187	1.000					
CnA	0.057	0.240	0.085	−0.385	0.500	0.382	1.000				
pCA	0.382	0.243	−0.077	−0.015	0.732**	0.196	0.657**	1.000			
CA	0.731**	0.501	0.631*	0.395	0.061	−0.208	0.333	0.590*	1.000		
FA	0.443	0.198	0.239	0.064	0.594*	0.286	0.515*	0.870**	0.688**	1.000	
SA	−0.882**	−0.785**	−0.481	−0.538*	0.126	0.825**	0.215	0.030	−0.468	−0.019	1.000

注：木质素生物合成相关基因和酚酸的相关关系通过皮尔逊法计算；*表示 $P<0.05$ 时的显著性，**表示 $P<0.01$ 时的显著性。

2.3.4　讨论

随着分子生物学的不断发展，基因调控逐渐成为研究热点。研究次生代谢途径中的基因功能的最有效方法是：基因改良后，研究转基因植株中次生代谢物的累积情况。最近的研究表明羟基肉桂酰转移酶(hydroxy-cinnamoyl transferase，HCT)的沉默使转基因植株类黄酮的含量明显增加(Bazzano et al.，2002)。Voelker等(2011a,b)在木质素含量降低的转 *4CL* 基因杨树中发现，柚皮素和其他黄酮类物质显著增加，同时柚皮素可抑制正在木质化的木质部中 *4CL* 的活性，这些研究表明，干扰苯丙烷类代谢上游途径将会影响木质素和次生代谢产物作用上游途径，并进一步影响木质素和次生代谢产物。

咖啡酸和阿魏酸含量增加的转基因植株中，伴随有芥子酸的增加，抑制 *4CL* 或 CCR 都使得咖啡酸和阿魏酸含量增加，同时也促进了这两种酚酸转化为芥子酸，这可能是 A-41 和 R-21 中芥子酸含量增加的一个原因。在已知的木质素单体合成途径中，咖啡酸是 *4CL* 的底物，该催化反应也被视为木质素生物合成中的第一个重要步骤之一。转 *4CL1* 基因毛白杨中 *p*-香豆酸含量显著增加，这可能使得咖啡酸含量也有所增加，使咖啡酸含量与 *4CL1* 基因之间表现出显著的正相关关系。

4CL 催化羟基肉桂酸及其衍生物生成各种羟基肉桂酰 CoA 酯，成为苯丙烷类代谢分支途径的底物，用于木质素、类黄酮等物质的生物合成(Douglas，1996)。*p*-香豆酸、阿魏酸、咖啡酸不仅是木质素及其他次生代谢物生物合成的中间代谢产物，还可通过酯键和醚键结合到细胞壁上，作为细胞壁的结构组成部分(Hisano et al.，2009)。已有研究表明，降低 *4CL1* 酶活性的转基因烟草中，*p*-香豆酸、阿魏酸、咖啡酸含量增加，其作用类似于木质素单体，从而使细胞壁的结构发生变化。在 *4CL* 抑制的转基因颤杨中，发现香豆酸、阿魏酸、咖啡酸仅作为非木质素细胞壁成分增加，并没有与细胞壁的木质素形成价键连接。

对转 *4CL1* 基因毛白杨的酚酸含量以及木质素合成途径基因表达量的分析发

现，调控 *4CL1* 基因的表达，将对木质素合成前驱体酚酸物质产生影响。酚酸含量与 *4CL1* 酶活性和基因表达水平极其相关，*4CL1* 与 *CCR*、*CAD*、*F5H*、咖啡酸、芥子酸之间的相关性十分显著。以上结果说明，*4CL1* 基因在木质素单体生物合成途径中起着关键性的作用，通过调控植物 *4CL* 基因的表达可实现对木质素单体合成途径的调控。

第3章　转 *4CL1* 基因毛白杨组成

3.1　转 *4CL1* 基因毛白杨细胞壁化学组成分析

3.1.1　材料和仪器

1. 植物材料

5 年生转 *4CL1* 基因毛白杨茎。株系编号分别为 S-23、A-41、A-51、R-21、R-11。

2. 试剂与仪器

试剂：蒽酮、间羟基联苯、四硼酸钠、浓硫酸、三氟乙酸、葡萄糖、氢氧化钾、碳酸钠、EGTA 等，以上试剂均为分析纯。猪胰腺淀粉酶(Type I porcine α-amylase Sigma-Aldrich，23μ/L)购买自 Sigma 公司。

仪器：紫外分光光度计、低温高速离心机、控温摇床、真空冷冻干燥仪、pH 计、恒温水浴锅。

3.1.2　试验方法

1. 细胞壁粉末制备

参照 Zhong 等(2010，2005)的方法，制备细胞壁粉末(CWR)，具体方法如下：

(1)采集转基因毛白杨与对照株样品，磨成粉状。之后，将木粉过 200 目纱网过滤。

(2)取上述过滤后木粉 3 g，加入 80%的冰乙醇，充分混匀，低温下静置 1 h；5000 r/min 离心 20 min，滤掉上清液。

(3)重复步骤(2)两次，直至上清液无颜色，木粉呈灰白色。

(4)甲醇：氯仿(1：1，体积比)抽提清洗 3 次，离心，滤掉上清液。

(5)甲醇再浸提 3 次，每次 1 h，保证沉降。7000 r/min 离心 15 min，滤掉上清液。

(6)沉淀用丙酮重悬，7000 r/min 离心 15 min，滤掉上清液。45℃烘箱中烘干，待除淀粉。

(7)干燥后木粉中加入除淀粉溶液(Type I porcine α-amylase 23 u/L；50 mmol/L

Tris-HCl，pH7.0）。配制方法为每毫升悬液加入 1 mg 酶。37℃摇床 24 h。

(8) 淀粉酶酶解木粉以后，10000 r/min 离心 15 min，首次滤掉上清液，沉淀用 ddH_2O 反复清洗。

(9) 重复步骤 (8) 三次。

(10) 加入 50 mL 丙酮清洗沉淀，10000 r/min 离心 7 min，滤掉上清液后，45℃烘干，此时得到的样品为木材 CWR。

2. 糖醛酸含量测定

(1) 准确称取上述 CWR 100 mg，倒入 15 mL 旋盖带刻度离心管中，用电子天平称量样品和管重。

(2) 加入 4 mL 2 mol/L 的三氟乙酸 (TFA) 于离心管中，密封后置于 120℃烘箱中，加热水解 2 h。

(3) 待冷却至室温后，6000 r/min 离心 15 min，收集上清液用于测定糖醛酸和中性糖含量。

(4) 配制用于标准曲线制作的半乳糖醛酸标准液 (100 μg/mL)，0.15%的四硼酸钠-硫酸溶液，间羟基联苯溶液 (0.15 g 间羟基联苯溶于 5 mg/mL 的 NaOH 中)。

(5) 标准曲线制作：在洁净的试管中，将半乳糖醛酸溶液逐级稀释成 80μg/mL、60μg/mL、40μg/mL、30μg/mL、20μg/mL、10μg/mL 的标准液，每个浓度的标准液体积均为 1 mL，分别用标准试管盛装，且具备 3 个重复用量。

(6) 将 5.0 mL 四硼酸钠-硫酸溶液迅速加入每支试管中，并浸于冰水浴中冷却，待所有试管全部加完后一起浸于沸水浴中加热，5 min 后取出，置于冰上，冷却至室温。

(7) 立即向每支试管加入间羟基联苯溶液 100μL，并以浓度为 0μg/mL 的试样为空白对照，迅速测定其余各管在 520 nm 波长下的吸光度值。以半乳糖醛酸含量 (μg/mL) 为横坐标，以吸光度值为纵坐标，制作半乳糖醛酸标准曲线。

(8) 吸取步骤 (3) 中上清液 20μL，准确稀释定容到 1 mL，加入 5.0 mL 四硼酸钠-硫酸溶液在沸水浴中加热 5 min。待冷却后，在 520 nm 波长下，测定吸光度值，根据步骤 (6) 中制作的标准曲线，即可得到糖醛酸含量。

3. 总中性糖含量测定

(1) 标准曲线试剂配制：葡萄糖标准液 (100 μg/mL)、蒽酮-硫酸溶液 (0.2 g 蒽酮溶于 100 mL 浓硫酸)，且为现配现用。

(2) 标准曲线制作：在洁净的试管中，将葡萄糖溶液逐级稀释成浓度为 80μg/mL、60μg/mL、40μg/mL、30μg/mL、20μg/mL、10μg/mL 的标准液，每个浓度的标准液体积均为 1 mL，装入试管中，且具备 3 个重复的量。

(3)将 4.0 mL 蒽酮试剂加入每支试管中，并迅速浸于冰水浴中冷却，待所有试管全部加完后一起浸于沸水浴中加热，准确煮沸 10 min 取出，置于冰上，冷却至室温，以浓度为 0μg/mL 的试样作为空白对照管，迅速测定其余各管在 620 nm 波长下的吸光度值，以标准葡萄糖浓度(μg/mL)为横坐标，以吸光度值为纵坐标，制作标准曲线。

(4)吸取“糖醛酸含量测定”的上清液 20μL，准确稀释定容到 1 mL，加入 4.0 mL 蒽酮试剂沸水浴 5 min。待冷却后，在 620 nm 波长下，测定吸光度值，对照标准曲线，即可得到中性糖含量。

4. 纤维素含量测定

(1)将“糖醛酸含量测定”中沉淀水洗 3 遍，直至水洗液加入蒽酮试剂后无颜色变化。

(2)将残渣连试管一起烘干后，加入 2 mL 72%的浓硫酸，120℃下，加热水解 2 h。收集上清液，测定纤维素含量，测定步骤如“总中性糖含量测定”所述。

5. 木质素含量测定

(1)将 72%的浓硫酸水解后的残渣，用蒸馏水洗涤多次，直至水洗液加入氢氧化钡溶液后无沉淀。

(2)在 100℃烘箱中烘干残渣，干燥至恒重后称重。

3.1.3 结果与分析

1. 转 *4CL1* 基因毛白杨细胞壁组成分析

对转基因毛白杨茎细胞壁的化学组成进行分析，结果发现，下调 *4CL1* 的表达的毛白杨(A-41，A-51，R-21，R-11)，木质素的含量下降很明显。尤其是 A-41 最为显著，木质素含量相对于对照下降了 28.27%，另外，纤维素含量相对于对照上升了 19.17%。然而，S-23 木质素含量相对于对照上升了 35.91%，纤维素含量相对于对照下降了 21.66%。从表 3-1 和图 3-1 可以看出，所有转反义和干涉的毛白杨纤维素含量均高于 40%，同时木质素含量又有不同程度的降低。

表 3-1 转基因杨树细胞壁组分分析

株系号	糖醛酸	总中性糖	纤维素	木质素
WT	4.58±0.52	18.55±1.72	42.98±0.62	33.89±1.84
S-23	4.27±0.92	16.00±2.63	33.67±0.97	46.06±2.94
A-41	4.41±0.60	20.06±2.30	51.22±4.85	24.31±1.10

续表

株系号	糖醛酸	总中性糖	纤维素	木质素
A-51	4.34±0.62	15.87±3.22	49.32±2.15	30.47±3.93
R-21	3.94±0.19	19.14±2.75	46.64±2.24	30.27±0.69
R-11	4.12±1.68	20.15±2.95	43.24±2.86	32.50±2.38

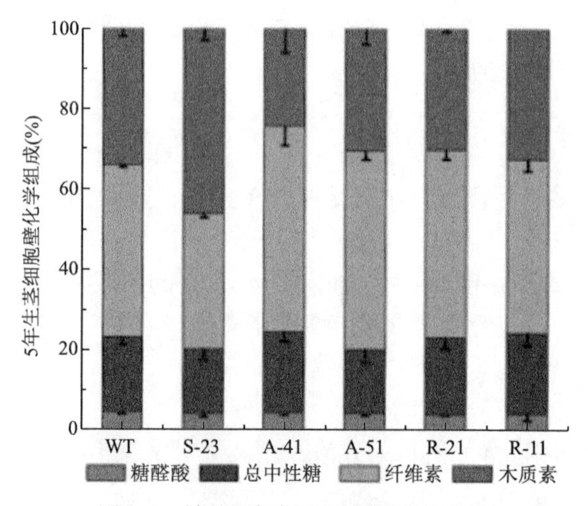

图 3-1　转基因杨树茎细胞壁成分分析

对转基因株系的纤维素/木质素比值进行分析后发现(图 3-2)，转正义 *4CL1* 基因毛白杨(S-23)，其比值相对于对照株系降低很明显；而抑制 *4CL1* 基因的表达，其比值都显著增加，说明调控 *4CL1* 基因的表达后，改变转基因植株中木质素含量，同时也会影响纤维素的含量，最终体现在纤维素与木质素比值的改变上。

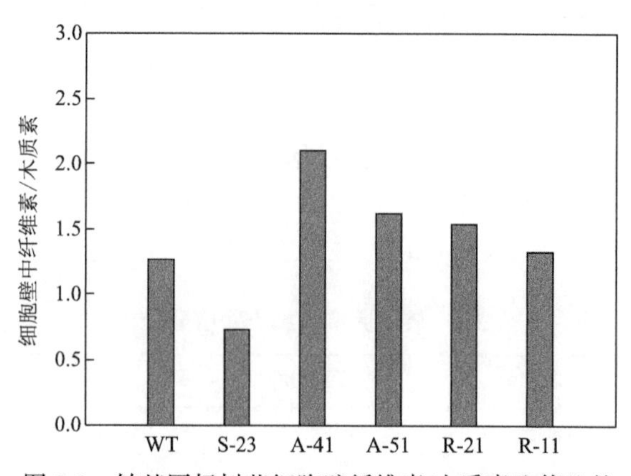

图 3-2　转基因杨树茎细胞壁纤维素/木质素比值比较

2. 转 *4CL1* 基因毛白杨半纤维素含量组成分析

半纤维素是构成植物细胞壁结构的第二大碳水化合物有机高分子物质，含量仅次于纤维素，但它不同于均多糖的纤维素，是一种由不同类型 5 碳糖或 6 碳糖单糖组成的杂多糖。半纤维素的结构比较复杂，都是以 β-1,4-糖苷键相连的多缩己糖或多缩戊糖。所有株系的细胞壁中半纤维素含量均在 20%左右(图 3-3)，毛白杨细胞壁中半纤维素含量差别不大，但是转正义 *4CL1* 毛白杨(S-23)的半纤维素含量与对照株系相比有所降低，而其余转基因毛白杨(如 A-51、R-21、R-11)的半纤维素含量与对照株系相比都略有上升，其中全长转反义 *4CL1* 毛白杨(A-51)半纤维素含量增加量达 7.8%。

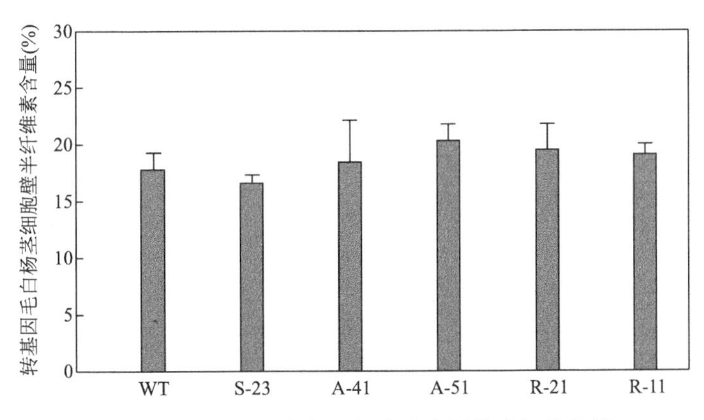

图 3-3 转基因毛白杨茎细胞壁半纤维素组分含量

3. *4CL1* 基因调控对细胞壁化学组成的影响

细胞壁的化学组成主要是碳水化合物、芳香族化合物和蛋白质，其中木质素沉积在碳水化合物形成的基质中，因此，木质素沉积量决定了细胞壁中碳水化合物的物理和化学性质。为探讨调控 *4CL1* 表达引起的木质素代谢途径和植物总代谢之间的相互作用，对 *4CL1* 基因表达和细胞壁全组分含量之间的相关性进行了研究，结果如表 3-2 所示。由表可知，*4CL1* 的表达与许多细胞壁组分之间的相关性表现显著，*4CL1* 表达与木质素含量的相关性达到 0.877，与半纤维素含量呈负相关，相关系数为–0.669，*4CL1* 表达虽然与纤维素含量的相关性不高，但是与综纤维素(即半纤维素与纤维素之和)呈显著负相关，相关系数为–0.781。另外，果胶总量与纤维素含量之间表现出显著负相关，相关系数为–0.736；半纤维素和木质素也呈显著负相关，相关系数为–0.788。

表 3-2　*4CL1* 基因表达与细胞壁化学组成的相关性分析

	4CL1	果胶Ⅰ	果胶Ⅱ	果胶	半纤维素	纤维素	木质素	综纤维素
4CL1	1							
果胶Ⅰ	0.387	1						
果胶Ⅱ	–0.367	–0.506	1					
果胶	–0.132	0.169	0.764	1				
半纤维素	**–0.669**	0.004	0.271	0.314	1			
纤维素	–0.104	–0.656	–0.215	**–0.736**	–0.493	1		
木质素	**0.877**	0.485	–0.683	–0.420	**–0.788**	0.135	1	
综纤维素	**–0.781**	–0.630	0.068	–0.391	0.542	0.464	–0.671	1

注：*4CL1* 基因和细胞壁化学组成之间的相关关系通过皮尔逊法计算，粗体表示 $P<0.05$ 时的显著性。

3.2　转 *4CL1* 基因毛白杨木质素单体

木质素是构成植物细胞壁的组成之一，在植物细胞中发挥着重要的生物学作用(Boudet et al.，1996)。由于木质素单体组成不同，木质素可分为 3 种类型：对羟基苯基丙烷木质素(H-木质素)、愈创木基木质素(G-木质素)、紫丁香基木质素(S-木质素)(Alain et al.，1996)。本节采用气相色谱-质谱联用技术对 GM 杨木的木质素单体组成进行分析。

3.2.1　材料和仪器

1. 植物材料

转 *4CL1* 基因毛白杨茎，株系编号分别为 S-23、A-41、A-51、R-21、R-11。

2. 试剂与仪器

试剂：三氟化硼、乙硫醇(EtSH)、*N*,*O*-双(三甲基硅基)乙酰胺(BSA)、二十四烷、吡啶均购自美国 Sigma 公司；二氧杂环乙烷、乙酸乙酯、二氯甲烷、碳酸氢钠、无水硫酸钠均为国产分析纯。

仪器：气相色谱-质谱联用仪(GC-MS)，仪器型号为 Trace GC ultra-Trace DSQ，配置自动进样器 AS 3000(Automatic Sample)，气相柱为 DB-5MS(30 m × 0.25 mm，0.25μm，美国 Agilent)；电热恒温鼓风干燥箱。

3.2.2　试验方法

具体操作如下：

(1)用天平准确称取 2 mg CWR 样品置于 2 mL 反应瓶中，加入 200 μL 刚刚配制的反应液(终浓度为 2.5% BF_3 和 10% EtSH 溶于二氧杂环乙烷)，置 100℃恒温烘箱中加热反应 4 h，并每隔 1 h 摇动反应瓶。

(2)反应完后，置反应瓶于−20℃，5 min 停止反应。

(3)再加入 0.2 mL 浓度为 1 mg/mL 的内标二十四烷进行定量，并加入 0.4 mol/L 碳酸氢钠调 pH 为 3～4。

(4)加 1 mL 超纯水和 500 μL 乙酸乙酯萃取，静置等待分层。

(5)吸取上层有机相，有机相于 45℃恒温干燥箱中挥发干燥，得到的挥发干燥后的物质重新溶于 0.4 mL 乙酸乙酯，并加入 50μL 吡啶和 100μL BSA 25℃静置 4 h。

(6)取 2 μL 反应液进 GC-MS(Thermo Finnigan)(色谱柱：DB 5MS，30 m× 0.25 mm，0.25 μm，美国 Agilent)分析。每个样品重复 3 次，取平均值。

3.2.3　结果与分析

1. 野生型毛白杨木质素单体组成分析

不同种类植物的木质素的组成和结构都不同，根据木质素氧化分解得到的分解产物，可将木质素分为针叶材木质素、阔叶材木质素及草本木质素三大类。针叶材木质素单体以 G-木质素为主，阔叶材木质素单体以 G-S-木质素为主，草本类木质素单体以 G-S-H-木质素为主(Boerjan，2003；Hisano et al.，2009)。由表 3-3 可知毛白杨属于阔叶材木质素类型。

表 3-3　转基因毛白杨中木质素单体组成分析

株系号	木质素单体含量(%)			S：G
	H	G	S	
WT	0.63±0.59	33.64±4.78	65.77±3.24	2.01±0.41
S-23	0.28±0.01	30.51±0.36	69.21±0.36*	2.27±0.04
A-41	0.41±0.05	32.10±0.65	67.48±0.69	2.10±0.06
A-51	0.61±0.14	32.29±1.81	67.10±1.93*	2.09±0.18
R-21	0.39±0.03	31.12±0.86*	68.49±0.84*	2.20±0.09
R-11	0.53±0.01	35.06±0.52*	64.41±0.59	1.84±0.04

注：测量值均为均值±标准误差，*表示通过方差分析 Dunnett's post-hoc test 后，计算 $P<0.05$ 时的显著性。

由于木质素结构单元间的连接形式不同(醚键和 C—C 键)。G-木质素在 C5 位置形成 C—C 键，该键对化学药品的降解作用具有高度的稳定性，所以在 Kraft

制浆工艺中，醚键很容易被打断，但 C—C 键不易被打断，因此，S-木质素比 G-木质素更易被去除。

2. 转 *4CL1* 基因毛白杨木质素单体组成分析

调控 *4CL1* 基因表达，除了对转基因毛白杨中木质素含量产生影响外(表 3-1)，木质素单体含量也发生了改变(表 3-3、图 3-4)。在转反义和干涉 *4CL1* 的转基因毛白杨中，G-木质素含量都有一定的下降。正是由于 G-木质素和 S-木质素含量相反的变化趋势，*4CL1* 表达受抑制的转基因毛白杨中 S∶G 都有一定程度升高(图 3-5)。另外，H-木质素在转反义和干涉 *4CL1* 基因毛白杨中含量都有所下降，但是转正义 *4CL1* 基因毛白杨中无显著变化(表 3-3)。

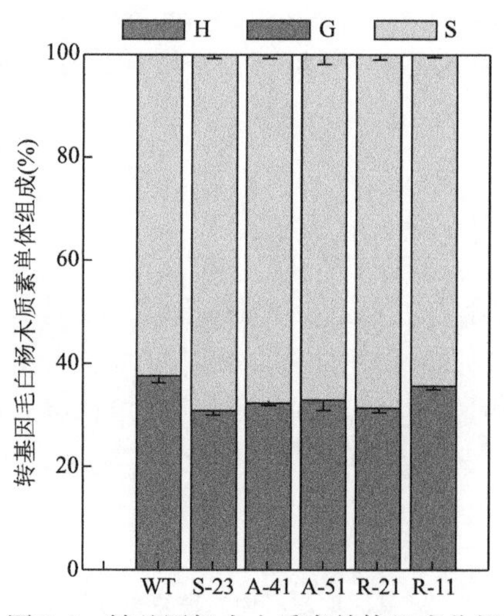

图 3-4　转基因杨中木质素单体组成分析

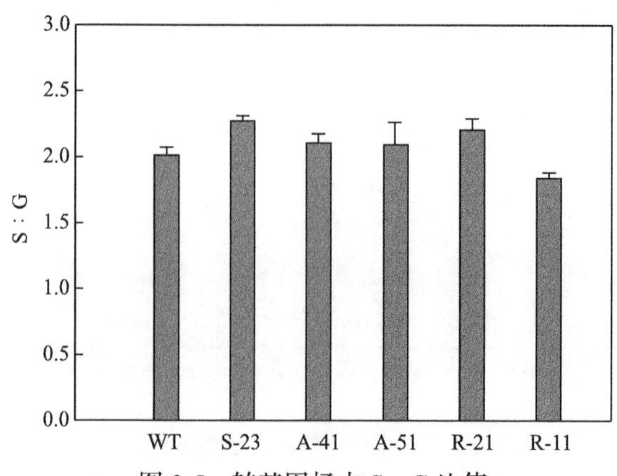

图 3-5　转基因杨中 S∶G 比值

3.3　总结与讨论

3.3.1　*4CL1* 基因调控木质素生物合成途径的影响因素

木质素含量在转反义 *4CL1* 基因毛白杨中比在转干涉 *4CL1* 基因毛白杨中下降得更多。这可能是因为两类株系所采用的启动子不同。转反义 *4CL1* 基因毛白杨是 antisense-*4CL1* 基因与 *GRP 1.8* 启动子融合，并由 *GRP 1.8* 启动子启动表达的。*GRP 1.8* 启动子是一类富含甘氨酸的启动子，在形成层区域特异表达。

在 *GRP 1.8* 启动子控制的抑制 *4CL1* 表达的转基因毛白杨中，*4CL1* 部分反义和部分干涉的植株中木质素含量比 *4CL1* 全长反义和全长干涉的植株中的木质素含量低得多。*4CL* 属于腺苷酸合成酶超基因家族中成员之一，一般有 4～5 个基因编码，在拟南芥、水稻和杨树的基因组研究中发现，*4CL* 基因家族成员都能催化腺苷酸的中间体(adenylate intermediate)的合成(Souza et al.，2008)。本节中部分反义 *4CL* 片段编码的是第 1～202 位的氨基酸残基，采用反义技术将这段序列与 RNA 相结合，将有效抑制 *4CL1* 基因的表达，推测 N-domain 是调控 *4CL* 基因表达的重要区域。因而设计 N-domain 区域的反义 *4CL1* 序列或干涉序列比全长 *4CL1* 序列更能有效地抑制 *4CL1* 基因的表达。

3.3.2　*4CL1* 基因调控木质素生物合成途径对碳水化合物代谢途径的影响

Creelman 等(1997)在杨树中表达 UDP 葡萄糖焦磷酸化酶 (UDP-glucose pyrophosphorylase，UDPG)时发现，杨树细胞壁中纤维素含量增加很显著，同时木质素含量下降很显著，木质素单体的组成也发生改变。这表明转基因植株的纤维素和木质素的沉积存在某种补偿机制(Chen et al.，2007)。*4CL1* 基因调控木质素合成途径，从而改变了木质素含量，使细胞的碳代谢平衡遭到破坏，碳资源在植物体内得以重新分配，最终纤维素含量出现补偿性的增加。

植物细胞壁是一种高度复杂的有机复合构造，包括木质素、纤维素、半纤维素、果胶和少量蛋白质等物质(Donaldson，2001)。*4CL1* 基因干扰碳资源分配除了体现在纤维素含量的代偿性变化外，对半纤维素和果胶含量同样也具有干扰性代偿性的变化。由于纤维素、半纤维素、果胶是植物细胞壁中主要的碳水化合物，这三者含量与木质素含量的代偿性改变充分说明了通过基因工程技术，调控木质素生物合成，在一定程度上改变细胞的碳代谢水平和碳资源流向(Montezinos et al.，1980)，这为我们在工农业生产中进行资源树种的改良提供了更多的技术路线图（田晓明，2013）。

第4章　转 *4CL1* 基因毛白杨木材品质研究

由于工农业生产规模的不断扩大，人们对于优质树种资源的需求量越来越大，毛白杨由于其速生、价格低，作为重要的造纸原料和建筑用材，愈来愈受到人们的关注(Wimmer et al.，1997)。近60年来，研究人员通过对杨树形成过程中的基因调控的分离鉴定，以及一系列功能分析，进行木材品质性状的定向改造，使得从源头克服木材天然缺陷，改良木材品质成为可能。

目前，生物技术在杨树中的应用集中在木材化学组成的研究上，通过降低树木中木质素含量，改变木质素的组成，获得优良的造纸原料。但是，由于杨树生长周期长，木材成熟需要若干年的时间，因此将转基因树木的化学组成改良和转基因树木木材材性分析结合起来的研究未见报道。本章通过对转 *4CL1* 基因毛白杨的物理力学性质的全面分析，对转基因毛白杨的木材材性做出了综合评价，并初步探讨了细胞壁化学成分对木材材性的影响。

4.1　材　　料

转 *4CL1* 基因毛白杨，株系编号分别为S-23、A-41、A-51、R-21、R-11。

4.2　试 验 方 法

4.2.1　试材制作

将转 *4CL1* 基因毛白杨伐倒后，从树木根部起1.3 m处，依次截取300 mm的木段三段，按照《木材物理力学试材锯解及试样截取方法》(GB/T 1929—2009)的要求进行试材制作，并进行物理力学性质测定。这些指标包括：含水率、密度、干缩率、抗弯强度、抗压强度、抗拉强度等。

4.2.2　含水率测定

试样含水率的测定按照《木材含水率测定方法》(GB/T 1931—2009)标准进

行，具体操作如下：将试样放入烘箱中，开始温度保持 60℃加热 6 h，然后将温度提高到(103±2)℃再加热 10 h 后，从所有试样中抽取 2～3 个试样进行第一次试称量，以后每隔 2 h 称量一次，直至最后两次称重之间的质量之差不超过试样质量的 0.5%时，认为试样达到全干状态，此时的质量称为绝干质量，将所有试样从烘箱中取出，放入干燥器中冷却。

含水率(*W*)计算公式以百分率计：

$$W=\frac{m_{\mathrm{w}}-m_0}{m_0}\times 100\% \tag{4-1}$$

式中：m_{w} 为试样放入烘箱前的质量，g；m_0 为烘干后试样绝干质量，g。

4.2.3　木材密度测定

木材的密度是指木材单位体积的质量，通常分为气干密度、全干密度和基本密度三种。本节中密度的测定按照《木材密度测定方法》(GB/T 1933—2009)标准进行，具体操作如下：试样各面的中心位置作为尺寸的测试端点，测试各相对面之间的距离，分别用千分尺测定弦向、径向和顺纹方向的尺寸，并精确到 0.001 cm。称取试样的质量，精确到 0.001 g，然后将试样放入烘箱中，按照 4.2.2 节的方法烘干试样，之后分别计算试样的气干密度、全干密度、基本密度。

4.2.4　干缩率测定

木材干缩率是指湿材(含水率高于纤维饱和点)变化到干材（含水率低于纤维饱和点），干燥前、后尺寸之差对于湿材尺寸的百分比。木材的干缩率分为气干干缩率和全干干缩率两种；二者又都分为体积干缩率、纵向干缩率(顺木纹方向)、弦向干缩率和径向干缩率(横木纹方向)。本节按照《木材干缩性测定方法》(GB/T 1932—2009)进行测定。将试件放在(103±3)℃的烘箱中烘干 4 h 后第一次称量，以后每隔 1 h 称量一次，直到最后两次称量的质量之差不超过 0.0029 g 为止。根据烘干前后的尺寸计算全干干缩率。

4.2.5　力学性质测定

木材力学性质是衡量木材抵抗外力的能力，是木材的主要力学性能指标。其中以抗弯强度、抗压强度、抗拉强度、冲击韧性、弹性模量指标最为重要。本节按照《木材物理力学试验方法总则》(GB/T 1928—2009)的有关规定测试各项指标并进行计算分析。

4.3 结果与分析

4.3.1 野生型毛白杨物理力学性质特征

本节测定了野生型毛白杨的物理性质，主要包括木材的含水率、干缩率和木材密度(表4-1)，针对毛白杨的力学性质主要测定了抗弯强度和冲击韧性(表4-2)。结果显示，毛白杨含水率在125%～142%之间，体积干缩率为9.72%，处于较低水平。毛白杨锯材在由生材至气干材的干燥过程中，因水分的排除而产生干缩，容易产生不同程度的开裂、弯曲、扭曲、翘曲等质量缺陷，降低木材的利用价值和木材利用率。而毛白杨干缩率低，具有较高的生产价值。

野生型毛白杨气干密度测定结果为0.41 g/cm^3，基本密度为0.34 g/cm^3。不同的杨属木材基本密度都有所不同，例如，108杨(*Populus deltoides* × *Korean poplar*)基本密度为0.349 g/cm^3、欧洲山杨(*Populus tremula*)基本密度为0.396 g/cm^3、美洲黑杨(*Populus deltoides*)基本密度为0.36 g/cm^3。野生型毛白杨的木材基本密度在以上列举的杨树中属于中等水平。抗弯强度是木材强度的一项主要力学指标，经计算野生型毛白杨的抗弯强度在50～71 MPa之间，与同类型杨树木材相比，处于较高水平。野生型毛白杨的冲击韧性在48～76 kJ/m^{2}之间，按我国主要用材树种冲击韧性大小的分类，野生型毛白杨冲击韧性属中等。另外，野生型毛白杨的抗弯弹性模量为8.19 GPa，抗拉强度为72.44 MPa。

4.3.2 转*4CL1*基因毛白杨物理性质分析

木材物理性质是木材机械加工和合理利用的基础之一。在生产实际中，如何使用木材，都要根据木材物理性质决定。按照木材物理性质测定的国家标准，对转*4CL1*基因毛白杨的物理性质进行了测定和分析，测定结果见表4-1。由表可知，转基因毛白杨在湿材含水率、干缩率和木材密度等方面与野生型毛白杨相比有显著性差异。

表4-1 转基因毛白杨木材物理性质分析

株系号	含水率		气干干缩率（%）		
	湿材*	气干	径向	弦向	体积*
WT	1.42±0.06	0.12±0.00	4.28±0.74	3.87±0.56	9.04±0.07
S-23	1.45±0.03	0.11±0.01	4.37±0.35	3.71±0.83	9.57±0.05
A-41	1.41±0.07	0.12±0.02	3.94±0.18	3.14±0.20	7.53±0.02
A-51	1.25±0.10	0.12±0.01	4.35±1.15	3.67±0.57	8.67±0.03
R-21	1.27±0.04	0.13±0.01	2.95±0.18	3.30±0.69	7.55±0.01
R-11	1.33±0.04	0.13±0.01	4.14±0.75	4.60±0.79	9.55±0.01

续表

株系号	体积干缩系数*	密度*		
		气干	全干	基本
WT	0.32±0.03	0.41±0.02	0.42±0.02	0.34±0.03
S-23	0.36±0.08	0.48±0.08	0.49±0.02	0.36±0.08
A-41	0.31±0.03	0.43±0.02	0.43±0.06	0.31±0.04
A-51	0.38±0.04	0.50±0.04	0.51±0.03	0.41±0.04
R-21	0.25±0.02	0.43±0.02	0.43±0.02	0.39±0.02
R-11	0.35±0.01	0.47±0.02	0.48±0.01	0.38±0.01

*表示 5%水平上差异显著，$P<0.05$。

木材干缩是木材的天然的固有属性。方差分析表明，气干状态下，转基因毛白杨的径向干缩率和弦向干缩率变异未达到显著水平，而体积干缩率变异达到显著水平，转正义 *4CL1* 基因毛白杨的气干体积干缩率为 9.57%，与对照株相比有所提高，而转反义和干涉 *4CL1* 基因毛白杨中，气干体积干缩率除 R-11 外，则有不同程度的下降。这一趋势除 S-23、A-51、R-11 外与体积干缩系数的变化趋势是一致的(图 4-1)。一般情况下，干缩率大将引起木材翘曲、变形、开裂等，不利于木材的加工和利用。

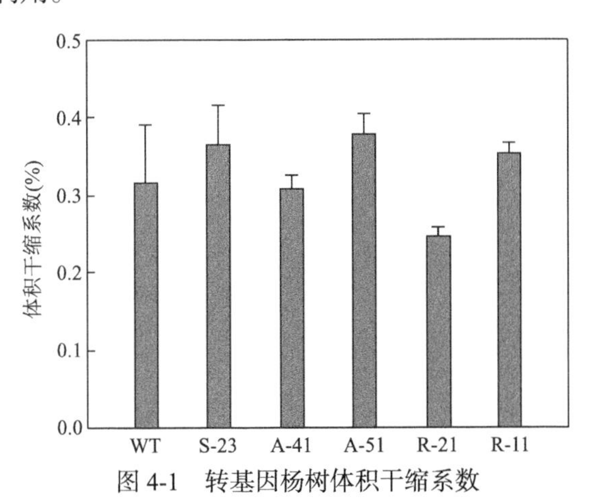

图 4-1　转基因杨树体积干缩系数

木材密度是木材最重要的表征木材属性的材性指标，它与木材的其他性能都有密切关系。为了便于更好地分析木材的不同性质，可将木材密度根据需要分为基本密度、气干密度、全干密度。转 *4CL1* 基因毛白杨的各类密度均处于显著性水平(图 4-2)。总体上来说，转正义 *4CL1* 基因毛白杨木材的密度有所增加，气干密度、全干密度和基本密度分别比对照株增加 17.07%、16.67%和 5.89%。而 *4CL1* 下调的转基因毛白杨密度值变化趋势不统一。A-51 株系的各类密度与对照株相比都有增

加，这可能是由木材湿材含水率不同造成的。

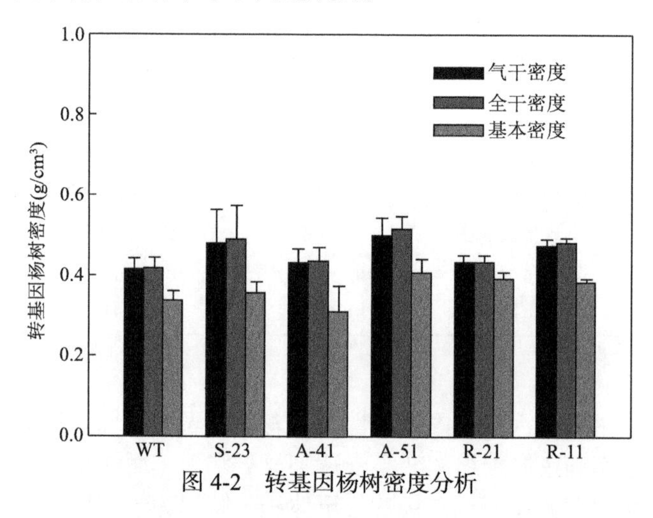

图 4-2　转基因杨树密度分析

4.3.3　转 *4CL1* 基因毛白杨力学性质分析

木材力学性质主要是衡量木材抵抗外力的能力，是在一些相关设计时，用于计算各种强度的参数。木材力学性质指标包括：弹性模量、抗拉强度、抗压强度、抗弯强度、冲击韧性、抗劈力、扭曲强度等。本节主要测定了冲击韧性、抗弯强度、抗弯弹性模量和抗拉强度四个指标，结果见表 4-2，四项指标中除冲击韧性和抗弯强度外，其余两项差异性均不显著。A-41 株系的冲击韧性与对照株相比差异不显著，而转正义 *4CL1* 毛白杨(S-23)冲击韧性显著降低。而 A-51、R-21 和 R-11 的冲击韧性在 48.85～56.03 kJ/m^2 之间，按我国主要用材树种冲击韧性大小的分类，A-51、R-21 和 R-11 冲击韧性均属中等水平。此外，S-23 的抗弯强度为 76.80MPa，比对照株增加了 7.41%，与同类型杨树木材相比，也处于较高水平。转反义和干涉 *4CL1* 基因毛白杨的抗弯强度除 R-11 外都有不同程度的降低。

表 4-2　转基因毛白杨木材力学性质分析

株系号	冲击韧性(kJ/m^2)*	抗弯强度(MPa)*	抗弯弹性模量(GPa)	抗拉强度(MPa)
WT	48.76±1.44	71.50±4.55	8.19±0.69	72.44±1.70
S-23	46.02±1.09	76.80±11.86	8.32±0.25	84.20±9.05
A-41	49.15±2.43	62.73±3.20	8.57±0.41	97.45±4.29
A-51	48.85±2.80	52.27±3.64	8.47±0.88	80.04±9.43
R-21	48.99±3.98	61.07±4.32	7.84±0.41	56.46±1.26
R-11	56.03±1.57	73.67±4.26	8.13±0.49	70.14±8.64

*表示 5%水平上差异显著，$P<0.05$。

4.3.4　转 *4CL1* 基因毛白杨材性性状的因子分析

木材的化学组成和材性指标很多，这就使得数据的分析变得复杂而困难，需要利用统计学的思想，对数据进行降维处理，对众多的指标进行相关性归类处理，找出所有指标的少数几个因子去描述多个指标之间的相关(相似)关系，从而使指标数量下降，达到可以分析描述木材材性的目的。现在生物统计中常用的降维处理有主成分分析和因子分析等，因子分析更为科学合理，因子分析从考虑各变量间的相关性的角度给出公因子，这个公因子能够代表几个变量，这样做可以使所提取的公因子对问题的描述较为科学合理。

表 4-3 给出了提取转基因毛白杨材性指标公因子前后各变量的共同度，它是衡量公因子相对重要性的指标。表中的第一行数据说明果胶的共同度为 0.941，即在因子分析中所提取的公因子对变量果胶的方差做出了 94.1%的贡献，说明关于果胶提取的公因子的正确性。从表中可知，所提取的公因子对各转基因材性指标的贡献率都很高，说明所提取的公因子是可用的。

表 4-3　转基因毛白杨材性指标的共同度表

变量因子	初始	萃取
果胶	1.000	0.941
半纤维素	1.000	0.997
纤维素	1.000	0.950
木质素	1.000	0.992
湿材含水率	1.000	0.995
体积干缩率	1.000	1.000
体积干缩系数	1.000	0.995
气干密度	1.000	0.933
全干密度	1.000	0.980
基本密度	1.000	0.954
冲击韧性	1.000	0.981
抗弯强度	1.000	1.000

表 4-4 是主成分表，表中按照各特征值从大到小的顺序列出了所有主成分，第一主成分到第四主成分的特征值分别为：4.998、3.882、1.704 和 1.134，前四个主成分的累积贡献率为 97.648%，说明前四个主成分完全能够作为主要因子分析转基因杨木的材性。根据提取特征值大于 1 的公因子的条件，选择了 4 个因子。

表 4-4　转基因毛白杨 12 个变量因子主成分分析表

成分	初始特征值			平方和负荷量萃取		
	总和	方差的贡献率(%)	累积贡献率(%)	总和	方差的贡献率(%)	累积贡献率(%)
1	4.998	41.650	41.650	4.998	41.650	41.650
2	3.882	32.349	73.999	3.882	32.349	73.999
3	1.704	14.200	88.199	1.704	14.200	88.199
4	1.134	9.449	97.648	1.134	9.449	97.648
5	0.282	2.353	100.000			
6	5.18×10^{-16}	4.32×10^{-15}	100.000			
7	1.88×10^{-16}	1.57×10^{-15}	100.000			
8	1.07×10^{-16}	8.95×10^{-16}	100.000			
9	-4.31×10^{-17}	-3.59×10^{-16}	100.000			
10	-7.81×10^{-17}	-6.50×10^{-16}	100.000			
11	-1.56×10^{-16}	-1.30×10^{-15}	100.000			
12	-4.979×10^{-16}	-4.15×10^{-15}	100.000			

图 4-3 是按照转基因毛白杨材性特征的 12 个变量标准化数据相关矩阵的特征值的大小排列的主成分散点图。图中纵坐标为特征值，横坐标为材性指标数目。由图可知，前 4 个主成分的特征值较高，且全部大于 1。

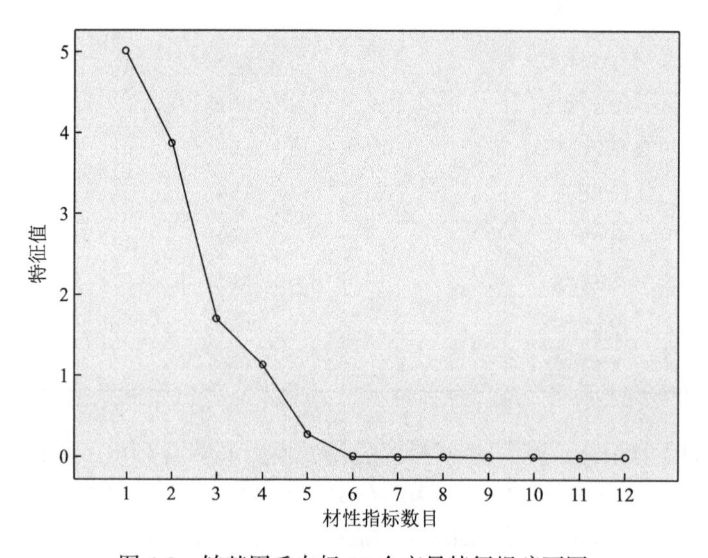

图 4-3　转基因毛白杨 12 个变量特征根碎石图

表 4-5 为公因子载荷矩阵，表示各变量的变异可以由哪些因子解释，通过该表，可以得出各变量的公因子表达式：

半纤维素因子$=-0.975F_1+0.214F_2-0.021F_3-0.004F_4$
湿材含水率因子$=-0.886F_1-0.359F_2+0.274F_3-0.084F_4$
木质素因子$=-0.862F_1+0.400F_2-0.272F_3+0.124F_4$
抗弯强度因子$=-0.824F_1-0.062F_2+0.115F_3+0.551F_4$
果胶因子$=0.790F_1-0.218F_2+0.501F_3+0.136F_4$
纤维素因子$=0.735F_1-0.555F_2+0.226F_3-0.226F_4$
全干密度因子$=-0.001F_1+0.973F_2+0.144F_3-0.122F_4$　　(4-2)
气干密度因子$=0.442F_1+0.754F_2-0.416F_3+0.119F_4$
基本密度因子$=0.465F_1+0.752F_2-0.367F_3+0.177F_4$
体积干缩系数因子$=-0.230F_1+0.743F_2+0.587F_3-0.211F_4$
体积干缩率因子$=-0.245F_1+0.742F_2+0.586F_3-0.212F_4$
冲击韧性因子$=0.411F_1+0.080F_2+0.465F_3+0.768F_4$

表 4-5　转基因毛白杨 12 个变量公因子载荷矩阵

变量因子	成分			
	1	2	3	4
半纤维素	0.975	0.214	−0.021	−0.004
湿材含水率	−0.886	−0.359	0.274	−0.084
木质素	−0.862	0.400	−0.272	0.124
抗弯强度	−0.824	−0.062	0.115	0.551
果胶	0.790	−0.218	0.501	0.136
纤维素	0.735	−0.555	0.226	−0.226
全干密度	−0.001	0.973	0.144	−0.112
气干密度	0.422	0.754	−0.416	0.119
基本密度	0.465	0.752	−0.376	0.177
体积干缩系数	−0.230	0.743	0.587	−0.211
体积干缩率	−0.245	0.742	0.586	−0.212
冲击韧性	0.411	0.080	0.465	0.768

材性指标在某一主成分中的公因子负荷量，可以体现该指标对主成分影响程

度。根据累计贡献率超过 90%的原则，选取了 4 个主成分，如果转基因毛白杨的主成分用 F_1、F_2、F_3、F_4 表示(表 4-6)，则 4 个主成分的表达式分别为

$$F_1 = -0.201a - 0.141b - 0.279c + 0.265d + 0.036e - 0.095f - 0.097g + 0.108h + 0.004i + 0.112j + 0.098k + 0.288l$$

$$F_2 = -0.091a + 0.143b - 0.119c + 0.080d - 0.249e - 0.111f - 0.110g + 0.316h + 0.104i + 0.316j + 0.019k - 0.054l$$

$$F_3 = 0.084a + 0.001b + 0.018c - 0.033d + 0.086e + 0.413f + 0.413g - 0.061h + 0.258i - 0.063j - 0.027k - 0.086l$$

$$F_4 = 0.271a + 0.031b - 0.082c - 0.013d - 0.026e - 0.014f - 0.013g - 0.004h - 0.047i + 0.053j + 0.728k + 0.418l$$

式中：a 为果胶含水率；b 为半纤维素含水率；c 为纤维素含水率；d 为木质素含水率；e 为湿材含水率；f 为体积干缩率；g 为体积干缩系数；h 为气干密度；i 为全干密度；j 为基本密度；k 为冲击韧性；l 为抗弯强度。

表 4-6 载荷矩阵所对应的公因子得分系数矩阵

变量因子	成分			
	F_1	F_2	F_3	F_4
果胶	−0.201	−0.091	0.084	0.271
半纤维素	−0.141	0.143	0.001	0.031
纤维素	−0.279	−0.119	0.018	−0.082
木质素	0.265	0.080	−0.033	−0.013
湿材含水率	0.036	−0.249	0.086	−0.026
体积干缩率	−0.095	−0.111	0.413	−0.014
体积干缩系数	−0.097	−0.110	0.413	−0.013
气干密度	0.108	0.316	−0.061	−0.004
全干密度	0.004	0.104	0.258	−0.047
基本密度	0.112	0.316	−0.063	0.053
冲击韧性	0.098	0.019	−0.027	0.728
抗弯强度	0.288	−0.054	−0.086	0.418

从第一主成分的表达式来看，木质素、纤维素、半纤维素和果胶的系数绝

对值比较大，除抗弯强度系数外其余系数绝对值比较小，且木质素、纤维素、半纤维素和果胶是细胞壁的化学组成，所以可以认为，第一主成分为细胞壁化学组成。且果胶、半纤维素和纤维素的系数是负值，因此，当第一主成分 F_1 的值较大时，木质素的含量会较高，而细胞壁其余组分含量会比较低。

从第二主成分的表达式来看，气干密度和基本密度的系数的绝对值较大，可以认为第二主成分对木材密度的影响很大，可以将第二主成分命名为木材密度。当第二主成分的值较大时，转基因毛白杨的密度会比较大。

从第三主成分的表达式来看，体积干缩率和体积干缩系数的绝对值比较大，因此，第三主成分与转基因毛白杨的干缩性能有关，可以将第三主成分命名为木材干缩性，也就是说，当第三主成分较大时，转基因毛白杨的干缩性强，容易发生翘曲、弯曲和开裂，不利于木材的加工应用。

从第四主成分的表达式看，冲击韧性和抗弯强度的系数比较大，因此，第四主成分是与木材力学性能相关的，可以将第四主成分命名为木材力学性，当第四主成分较大时，转基因毛白杨抵抗外力的能力较强。

根据 4 个主成分表达式可以列出公因子得分系数表，如表 4-7 所示。

表 4-7　主成分公因子得分系数表

	F_1	F_2	F_3	F_4
WT	0.06426	−1.06361	−0.29723	0.15696
S-23	1.69367	−0.11639	0.5684	−0.87388
A-41	−1.01631	0.23578	−0.1492	−0.33034
A-51	−1.0089	1.05421	1.20806	−0.59639
R-21	−0.0093	1.06141	−1.71915	−0.27273
R-11	0.27657	0.30015	0.38912	1.91638

根据各转基因株系的主成分分值可以评价转基因植株分别在木材物理力学等各指标方面的优劣。从各主成分所代表的因子特征来看，A-41、A-51、R-21 株系的 F_1 值都为负值，说明这些株系的细胞壁中木质素含量都较低，而纤维素、半纤维素和果胶含量较高，纤维素、半纤维素和果胶起主要作用。F_2 为木材密度，木材密度既影响木材的力学强度，又直接或间接决定木材及纤维制品的产量和品质，各转基因株系中 A-41、A-51、R-21、R-11 的 F_2 值为正值，说明这些株系的木材密度较大，气干密度和基本密度起主要作用。F_3 体现了木材的干缩性能，F_3 值越小，说明转基因毛白杨的体积干缩率和体积干缩系数值越小，木材越不容易发生变形和开裂，由表可知，A-41 和 R-21 的 F_3 值为负值，说明这两个转基因株系的

干缩性能很好。F_4体现了木材的力学性能，只有 R-11 的 F_4值为正值，说明该株系在木材力学性能上有良好表现。

综上所述，只有 A-41 株系，根据造纸原料要求，在细胞壁化学组成改良、木材密度和干缩性能优化方面表现最佳。而株系 R-21 虽然在力学性能方面优势不突出，但其干缩性能在所有转基因株系中表现最优，干燥性能最优。

4.3.5　细胞壁化学组成与木材品质的相关性分析

木材细胞壁化学组成是木材品质和木材机械加工利用方面重要影响因素，它决定了木材所有的物理力学性质。对于转基因杨树来说，研究人员改良木材化学性质遗传研究主要聚焦在纤维素和木质素的含量及组成上，但是果胶和半纤维素在植物细胞壁的组成及结构稳定性方面也起到了至关重要的作用，因此，本节对转基因毛白杨的细胞壁化学组成和木材品质进行了相关性分析，结果见表 4-8。由表可知，木材的密度与半纤维素含量呈显著正相关，木材的含水率与半纤维素之间的相关性也显著。木材的抗弯强度与纤维素含量、半纤维素含量呈负相关关系，相关系数分别为–0.666 和–0.822，木材的抗弯强度与木质素含量的相关系数为 0.721。

4.4　讨　论

4.4.1　转 *4CL1* 基因毛白杨材性性状综合评价

杨树是我国重要的速生用材林树种，对制浆工业和木材机械加工工业有重大意义(Herschbach et al.，2002)。因此，在开展杨树木材材性遗传改良研究时，需同时兼顾其生产效益、社会效益和生态效益。本节转基因毛白杨的株系类型多，涉及分析的木材材性指标也很多，因此，很难对各类转 *4CL1* 基因毛白杨的转基因效果做出综合评价，同时，由于不同的市场需求，对遗传改良的毛白杨性能指标的要求也不同(Lachenbruch et al.，2010)。在制浆造纸领域要求生长快，生长量大，木质素含量低的木材；而在木材机械加工领域则需要密度高，干缩小的木材；在建筑用材中需要生长量大，速生，密度高，力学指标都高的木材。所以，综合转 *4CL1* 基因毛白杨中所有差异显著的指标，考虑所有差异显著指标所承载的经济重要性、遗传重要性，并适当加权，构成对各类转基因株系的综合评定体系。

表 4-8　转基因毛白杨化学组成和材性指标相关系数矩阵

	果胶	半纤维素	纤维素	木质素	湿材含水率	气干含水率	径向干缩率	弦向干缩率	体积干缩率	体积干缩系数	气干密度	全干密度	基本密度	冲击韧性	抗弯强度	抗拉强度	弹性模量
果胶	1																
半纤维素	0.727*	1															
纤维素	0.729*	0.581	1														
木质素	−0.866*	−0.745*	−0.964*	1													
湿材含水率	−0.513	−0.950*	−0.356	0.529	1												
气干含水率	0.659*	0.665*	0.486	−0.606*	−0.650	1											
径向干缩率	−0.017	−0.114	−0.258	0.202	0.215	−0.589	1										
弦向干缩率	−0.081	−0.209	−0.462	0.375	0.255	−0.457	0.930*	1									
体积干缩率	−0.096	−0.093	−0.407	0.320	0.131	−0.517	0.969*	0.969*	1								
体积干缩系数	−0.060	−0.072	−0.418	0.316	0.111	−0.508	0.968*	0.966*	0.995*	1							
气干密度	−0.085	0.567	−0.171	−0.756*	−0.751	0.274	0.010	0.066	0.192	0.174	1						
全干密度	−0.190	0.196	−0.451	0.324	−0.289	−0.280	0.707	0.738	0.833*	0.821*	0.696	1					
基本密度	0.092	0.633*	−0.248	0.698*	−0.814*	0.330	0.009	0.078	0.181	0.209	0.885*	0.626	1				
冲击韧性	0.611*	0.397	0.22	−0.365	−0.320	0.744*	−0.019	0.205	0.070	0.065	0.167	0.077	0.183	1			
抗弯强度	−0.508	−0.822*	−0.666*	0.721*	0.738	−0.240	0.029	0.308	0.106	0.093	−0.374	−0.103	−0.378	0.135	1		
抗拉强度	−0.126	−0.345	0.173	−0.031	0.533	−0.656	0.662	0.469	0.514	0.469	−0.380	0.157	−0.606	−0.279	−0.013	1	
弹性模量	0.065	−0.107	0.214	−0.145	0.311	−0.604	0.801*	0.573	0.654	0.629	−0.251	0.323	−0.387	−0.224	−0.217	0.944*	1

*表示 5%水平上差异显著，$P<0.05$。

据此来评判转基因株系的性能优劣，可以起到很好的选择性应用的效果。综合转 *4CL1* 基因毛白杨的化学组成和材性的众多指标，根据生物统计中公因子分析降维处理的方法，从众多指标中提取归类命名了 4 个主成分，并赋予其分值，通过分析转 *4CL1* 基因毛白杨在主成分中的得分情况，评价转基因植株的性能优劣。A-41 株系在细胞壁化学组成改良、木材密度和干缩性能方面在所有转基因植株中是最优的，适合用于造纸原料。而株系 R-21 虽然在力学性能方面优势不突出，但其干缩性能在所有转基因株系中表现最优。

4.4.2　细胞壁化学组成对木材品质的影响

随着生物技术的发展，木材品质改良的基因工程越来越受到基因工作者的青睐，细胞化学组成对木材物理化学性质影响的机理还需进一步深入研究。细胞壁中主要的碳水化合物包括：纤维素、半纤维素、木质素和果胶。纤维素在细胞壁中充当骨架作用，是细胞壁强度的来源。半纤维素与纤维素和木质素紧密连接，木质素在纤维素和半纤维素之间起到连接作用，可以增强细胞壁的刚性和拉伸力学性能(Koehler et al., 2006)。果胶伴随纤维素而存在，是相邻细胞间的黏结物质，对植物体有软化和胶凝作用。而细胞壁中的木质素一方面影响制浆造纸的纸浆得率，另一方面与木材抗拉、抗弯有密切关系(赵博等，2005)。因此，通过基因工程技术实现对细胞壁化学组成的改良，将对木材材性产生重大改变。本节对转 *4CL1* 基因毛白杨细胞壁化学组成和木材品质的相关关系分析，充分反映了细胞壁化学组成对于木材品质特征的重要影响，同时也论证了通过 *4CL1* 基因调控木质素生物合成途径，进而影响细胞壁化学组成，最终可对木材品质产生影响（田晓明，2013）。

第5章　GM杨树木材热解动力学研究

本章通过对GM杨树木材(S-23、A-41、A-51、R-21、R-11)及对照野生型杨树木材(WT)的热重分析，研究影响GM杨树木材热解特性的因素，从而获得GM杨树木材热失重规律，获得其热解温度范围、热解表观活化能，为GM杨树木材热解机理研究提供理论基础。

热重分析通常分为两个范畴，一个是对热重曲线进行拟合，从中寻找一些热解规律，从而获得动力学参数；另一个则偏向于分析热重条件对热解结果的影响，通过不同气氛、粒径、质量和其他条件下的热解动力学分析，研究热失重过程中的传热传质限制对动力学的影响，从而为机理研究提供理论参考。

本章采用对热重曲线进行拟合的方法，获得动力学参数，建立GM杨树木材热解动力学方程。

5.1　GM杨树木材的工业组成、元素组成和化学组成

木材的工业分析主要是确定其水分、挥发分、固定炭和灰分的百分比含量；元素分析主要是确定其氮、碳、氢、氧的百分比含量；化学分析主要是确定其纤维素、半纤维素、木质素和抽提物百分比含量。

研究表明：热解过程中，木材的工业组成、元素组成和化学组成的不同将会导致其热解产物的分布及其成分会有很大的差异，因此，木材的工业分析、元素分析和化学分析是研究木材快速热解的基础，对于确定热解工艺参数和热解动力学参数、深入认识热解机理有着重要作用。

5.1.1　试验测试

1. 原料种类和尺寸

GM杨木与2.1.2节介绍的杨木是一种杨木。

2006年获得的转正义、反义、干涉毛白杨树龄为5年。GM毛白杨(*Populus tomentosa*)分为转正义*4CL1*毛白杨(S-23)、部分转反义*4CL1*毛白杨(A-41)、全长转反义*4CL1*毛白杨(A-51)、转部分干涉*4CL1*毛白杨(R-21)、全长转干涉*4CL1*毛白杨(R-11)、野生型毛白杨(WT)，粒径均为0.25～0.38 mm。

2. 测试仪器和方法

(1)工业组成分析：仪器为马弗炉、天平，按照《木炭和木炭试验方法》(GB/T 17664—1999)进行。

(2)元素组成分析：仪器为 Elementar Vario EL 元素分析仪，按照《岩石有机质中碳、氢、氧元素分析方法》(GB/T 19143—2003)进行。其中元素 C、H、N 的测试条件：载气为 He，氧化炉温度为 950℃，还原炉温度为 500℃；元素 O 的测试条件：载气为 N_2/H_2，裂解温度为 1140℃。

(3)化学组成分析：仪器为索氏抽提器、水浴锅、烘箱、坩埚、称量瓶、抽滤瓶、回流冷凝装置、100 mL 和 2000 mL 锥形瓶、电热套以及精密密度计。木粉制备参照 GB 2677.1—1993，克拉松木素制备参照 GB 2677.8—1994 标准，α-纤维素提取参照 GB 744—1989 方法。

5.1.2　结果与讨论

GM 杨树木材工业组成分析结果见表 5-1，元素组成分析结果见表 5-2，化学组成分析结果见表 5-3。

表 5-1　GM 杨树木材工业组成

物料	M_{ad}(%)	A_{ad}(%)	V_{ad}(%)	Fc_{ad}(%)	A_d(%)	V_d(%)	Fc_d(%)
S-23	9.91	2.81	57.15	30.13	3.12	63.44	33.44
A-41	10.71	1.44	69.91	17.94	1.62	78.29	20.09
A-51	10.71	1.30	61.90	26.09	1.46	69.32	29.22
R-21	11.50	1.77	60.98	25.75	2.00	68.90	29.10
R-11	11.50	2.28	58.90	27.32	2.58	66.55	30.87
WT	10.71	2.79	58.51	27.99	3.12	65.53	31.35

注：ad 代表空气干燥基；d 代表无水基；*M* 代表含水率；*A* 代表灰分；*V* 代表挥发分；Fc 代表固定炭。

表 5-2　GM 杨树木材元素组成

物料	N_{ad}(%)	C_{ad}(%)	H_{ad}(%)	O_{ad}(%)
S-23	0.45	50.96	5.15	40.20
A-41	0.44	43.12	10.43	41.67
A-51	0.43	47.34	6.15	41.94
R-21	0.46	47.73	6.21	41.16
R-11	0.49	48.56	5.59	41.22
WT	0.45	49.05	5.22	41.08

注：ad 代表空气干燥基。

表 5-3　GM 杨树木材化学组成

样品	苯醇抽提物(%)	克拉松木素(%)	纤维素(%)	半纤维素(%)
S-23	5.80	46.34	30.58	15.00
A-41	4.85	21.97	51.34	20.58
A-51	5.84	28.56	48.67	15.87
R-21	5.02	27.32	46.65	18.14
R-11	5.47	31.08	42.06	18.35
WT	5.63	32.56	41.02	20.55

从表 5-1 看出 S-23 的挥发分小于 A-41，灰分大于 A-41，近似是 A-41 的 2 倍，而固定炭的含量大于 A-41。表 5-2 元素分析中，S-23 的 H/C 为 0.101，A-41 的 H/C 为 0.242；S-23 的 O/C 为 0.789，A-41 的 O/C 为 0.966，A-41 的 H/C 约是 S-23 的 2.4 倍，A-41 的 O/C 大于 S-23，说明热解过程中 A-41 生物油的产率有高于 S-23 的可能。

由表 5-3 中数据看出 A-41 的综纤维素含量高于 S-23，而 S-23 的克拉松木素含量远远高于 A-41，说明在热解过程中 A-41 生物油产率要高于 S-23，而 S-23 生物油中酚类含量要高于 A-41。

5.2　热解动力学理论基础

5.2.1　化学反应动力学

化学反应动力学也就是研究化学运动(化学反应)的发生、发展和消亡的科学，从这个意义上讲，化学反应动力学更恰当地说是“动态化学”，从量上说就是研究反应的速率，从质上说就是研究反应的机理(臧雅茹，1995)。

化学反应动力学的研究对象包括以下三个方面：化学反应进行的条件(温度、压力、浓度及介质等)对化学反应速率的影响；化学反应的历程(又称机理)；物质的结构与化学反应能力之间的关系。在对化学反应进行动力学研究时，总是从动态的观点出发，由宏观的、唯象的研究进而到微观的分子水平的研究，因而将化学反应动力学区分为宏观动力学和微观动力学两个领域，但二者并非互不相关，而是相辅相成的。

反应速率方程是浓度或反应进度(单位体积)对时间的微分方程式，可以通过积分得到各组元浓度或反应进度对时间依赖的函数关系，这种关系可称为反应动力学方程。

5.2.2 热解动力学

最初,化学反应动力学的基本理论是建立在等温过程和均相反应基础之上的。最近几十年来，出现了许多将等温过程动力学理论推进到非等温过程，将均相反应的规律扩展到非均相反应的数学处理的研究(沈兴，1995)。

热解属于非均相的气-固反应，热解动力学属于化学反应动力学的研究范畴。固体材料的热解过程一般可以表示为下面的反应过程:

A(固)══B(固)+C(气)

一般定温非均相反应的动力学可以由以下方程来描述:

$$\frac{\mathrm{d}a}{\mathrm{d}t}=k\cdot f(\alpha) \tag{5-1}$$

式中: $\alpha=(m_0-m)/(m_0-m_\infty)$ ，为相对失重或转化率，即对于反应物 A 转化成生成物的相对百分数，m 为反应到任意时刻固体的质量，下标 0 与 ∞ 分别代表反应初始与终止状态，m_0 为样品初始的质量，m_∞ 为样品反应终止的固体质量。计算反应动力学常数用到的最终质量 m_∞ 是随温度变化的参数，反应速率常数 k 可由 Arrhenius 方程表示:

$$k=A\cdot\exp(-E/RT)$$

式中: A 为频率因子，A 和 k 有相同的因次，可以认为是高温时 k 的极限; E 有能量因次，称为反应试验活化能或表观活化能(activation energy); R 为摩尔气体常数[8.314×10^{-3} kJ/(mol · K)]; T 为热力学温度。

Arrhenius 定理的提出，系基于以下出发点：反应体系中一般分子吸收能量后活化形成为数不多的活化分子。而反应速率与活化分子的浓度成正比，由于能量大于活化能量的分子分数为 $\exp(-E/RT)$,因而反应速率常数 k 与 $\exp(-E/RT)$ 成正比，此比例常数即为 A。

虽然 A 事实上不是一个常数，而是与温度有关的函数，但即使试验温度范围增大到 500K 区间，把它们看作常数引起的误差也不很大，但当温度范围继续增加，大到 1000K 以上就不能近似作为常数处理。

结合式(5-1),对于非等温(即以一定的升温速率加热反应体系)非均相体系常用热解动力学方程:

$$\frac{\mathrm{d}\alpha}{f(\alpha)}=\frac{A}{\beta}\cdot\exp(-E/RT)\mathrm{d}T \tag{5-2}$$

式中: $\beta=\mathrm{d}T/\mathrm{d}t$ ，为升温速率; t 为反应时间。

对式(5-2)变形，有

微分式：

$$\frac{d\alpha}{dT}=\frac{A}{\beta}\cdot\exp(-E/RT)f(\alpha) \tag{5-3}$$

积分式：

$$F(\alpha)=\frac{A}{\beta}\int_{T_0}^{T}\exp(-E/RT)\,dT=\frac{AE}{\beta R}P(y) \tag{5-4}$$

式中：T_0 为热解起始温度；$P(y)$ 为温度积分。

$$F(\alpha)=\int_{0}^{\alpha}\frac{d\alpha}{f(\alpha)} \tag{5-5}$$

$$P(y)=\int_{-\infty}^{y}-\frac{\exp(-y)}{y^2}dy \tag{5-6}$$

式中：$y=E/RT$，$P(y)$ 在数学上无解，只能得近似解。

热解动力学研究的目的在于求解能描述某反应上述方程中的 E、A 并对其进行理论解释。对于生物质热解来说可能的热解机理是很多的(在绪论中已作阐述)，函数 $f(\alpha)$、$F(\alpha)$ 对应不同热解机理具有不同的形式。所以称 $f(\alpha)$、$F(\alpha)$ 为热解机理函数，是描述不同热解机理的方程。其中 $f(\alpha)$ 为微分机理函数，$F(\alpha)$ 为积分机理函数。机理函数 $f(\alpha)$ 和 $F(\alpha)$ 与温度 T 和时间 t 无关，只与热解转化率 α 有关。

长期以来热分析动力学主要的分析方法是在同一升温速率下对热分析测得曲线上的数据点进行分析，通过动力学方程的微分形式或积分形式进行各种变换，最后得到不同形式的线性方程。然后尝试将各种动力学机理函数的微分式 $f(\alpha)$ 或者积分式 $F(\alpha)$ 代入，从所得直线的斜率和截距中求出 E 和 A；而在代入方程计算时，选择能使方程获得最佳线性者即为最可能的机理函数。根据所采用动力学方程的具体形式而将这些方法分为微分法和积分法两大类。这两种方法各有其利弊：微分法不涉及难解的温度积分的误差，但热重法中通过数值方法计算得到的 DTG 曲线影响因素复杂，Vachuska 的论文详细讨论了 DTG 曲线的算法问题(Vachuska et al.，1971)；积分法的问题则是式(5-6)在数学上无解析解及由此提出的种种近似方法的误差(Coast et al.，1964；Lee et al.，1984；Agrawa，1987)。

5.3 GM 杨树木材热重分析

5.3.1 试验测试

1. 原料种类和尺寸

GM 杨木与 2.12 节介绍的杨木是一种杨木。

2006 年获得的转正义、反义、干涉毛白杨，转基因毛白杨树龄为 5 年。GM 毛白杨（*Populus tomentosa*）分为转正义 *4CL1*（S-23）、部分转反义 *4CL1*（A-41）、全长转反义 *4CL1*（A-51）、转部分干涉 *4CL1*（R-21）、全长转干涉 *4CL1*（R-11）、毛白杨（WT），粒径均为 0.2～0.3 mm、0.3～0.45 mm 和 0.45～0.9 mm。含水率（*W*）为：5%、15%、25%、35%。

2. 试验仪器和方法

试验仪器为岛津公司 DTG-60A 差热、热重分析仪，能同时测出 TG 和 DTA 曲线，其在程序控制温度操作条件下，可调温度范围是室温～1373K。

热重分析（thermogravimetry，TG）是指在程序控制温度下测量物质的质量变化与温度关系的一种技术，通常又称热重法，测得的记录曲线称为热重曲线（TG 曲线），其纵坐标为试样的质量相对变化量，横坐标为试样的温度或时间。

微商热重法（derivative thermogravimetry，DTG）是在热重法（TG）基础上略加变动和控制而发展起来的。微商热重法是指在程序控制温度下测量物质质量变化速率与温度之间关系的技术。与 TG 曲线比较，在某些场合 DTG 曲线能更清楚地显示出试样质量随温度变化的情况。

在 DTG 曲线上的峰对应于 TG 曲线中的失重“台阶”，而且各个峰面积的大小正比于相应失重阶段所发生的质量变化，峰顶温度表示了最大失重速率所处的温度。DTG 曲线在反应动力学分析中，不仅为数据处理带来了方便，而且还避免了由 TG 曲线采集数据计算转变率时，由于相近数据差值精度较低而引入的计算误差。

整个试验过程中采用程控的持续线性升温，相应的升温速率（β）选取：10K/min、20K/min、30K/min、50K/min，根据不同升温速率原料在 303～873K 温度范围内进行动态升温试验。试验采用载气纯度为 99.99%的高纯度氮气，流量始终稳定在 30 mL/min，以保持炉内惰性气氛，保证试验样品处在完全的隔氧热解状态中，同时能及时将热裂解生成的挥发性产物带离样品，减少由于二次反应对试样瞬时质量带来的影响。采用的参比物是 α-Al_2O_3，样品池的材料是 α-Al_2O_3，试验过程中，样品是在开盖的样品池中进行。本节采用的试样量都控制在 5 mg 以内。

5.3.2　结果与讨论

1. GM 杨树的热解过程

通过试验确定了 GM 杨木在非等温热解过程中的几个特征区域，如图 5-1 所示(S-23 与 A-41 热解过程一致，这里用 A-41 热解过程特征统一说明)。

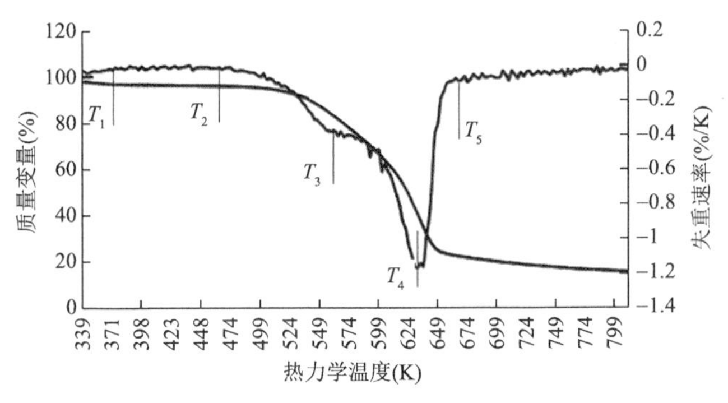

图 5-1　A-41 热解 TG 和 DTG 曲线

图 5-1 是在粒径 d=0.2～0.3 mm、含水率 W=15%、升温速率 β=10K/min 条件下，A-41 热解的 TG 曲线和 DTG 曲线。

由图看出，在给定的升温速率下，随着原料温度的升高，A-41 热解经历了几个不同阶段，在图上主要分为六个区域(图 5-1)。第一区域是从室温开始到 T_1 的部分。在该区域中 A-41 温度升高且有失重，失重速率逐渐呈减速增加，最后到 T_1 时达到最大值。这个过程对应于 A-41 水分的解吸附或其中一些蜡质成分的软化和熔解，同时也伴随着少量的 A-41 中低沸点的挥发物的析出。第二区域是温度从 T_1 到 T_2。这个阶段是 A-41 中水分失去后大量低沸点 A-41 挥发物的析出过程。第三区域是 T_2 到 T_3 失重速率逐渐增加的区间，这是 A-41 中纤维素发生解聚及玻璃化转变现象的一个缓慢过程，这个阶段持续时间很短，几乎没有平台，主要是由于 A-41 中水分作用和 A-41 是纤维素、半纤维素和木质素及少量抽提物的混合物，这些物质的热解温度区间相近。第四区域是 T_3 到 T_4，失重速率由 T_3 又开始呈加速度增加，且增加的幅度很大，直到达到温度 T_4 突然开始减小，这个阶段主要是大量的 A-41 中纤维素、半纤维素及木质素热裂解区间，产生小分子气体和大分子的可冷凝挥发分造成明显的失重，并在 T_4 时失重速率达到最大值，此阶段吸收的热量是整体反应的主要部分，在 T_4 失重速率突然减小说明在此温度下

A-41 热裂解反应剧烈，很快消耗掉大量的 A-41 中能裂解的物质。第五区域是 T_4 到 T_5 区间，T_4 到 T_5 失重速率减小且减小的幅度很大。这个阶段主要是 A-41 中的主要物质热解反应到最后完成的过程，使 A-41 颗粒内部没有完全热裂解的物质进一步完成热裂解反应，形成大量的炭。第六个区域是温度 T_5 到热解结束的区间，这个区间的 DTG 线基本上为一平台，且 DTG 值接近零，说明此区间 A-41 有等速失重，这个区域主要是炭中的残留物质的缓慢分解且使炭形成多空隙的过程。

2. 升温速率对热解特性的影响

考察升温速率对 GM 杨树木材热解过程中特征温度、热解转化率和吸放热的影响，试验结果见图 5-2～图 5-6。图 5-2～图 5-5 是在粒径 d=0.2～0.3 mm、含水率 W=15%，不同升温速率条件下，A-41 和 S-23 的 TG 曲线和 DTG 曲线。图 5-6 是不同升温速率下 S-23 的 DTA 曲线图。

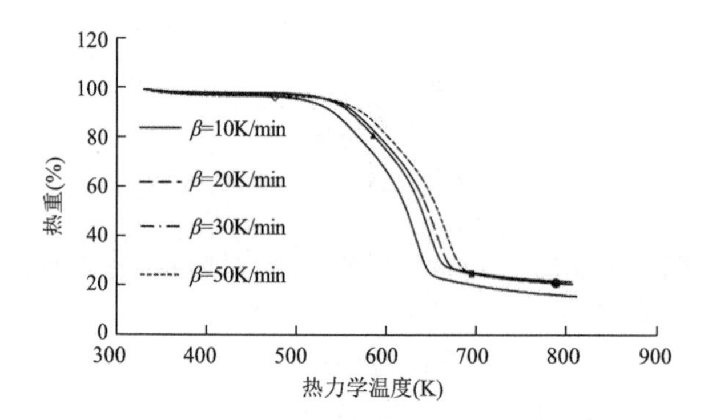

图 5-2　不同升温速率下 S-23 的 TG 曲线

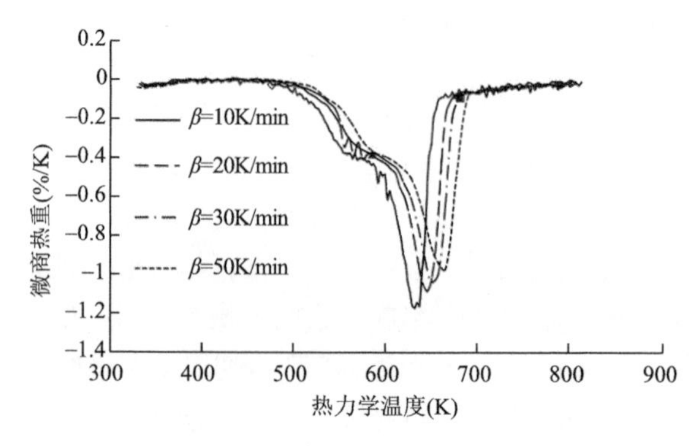

图 5-3　不同升温速率下 S-23 的 DTG 曲线

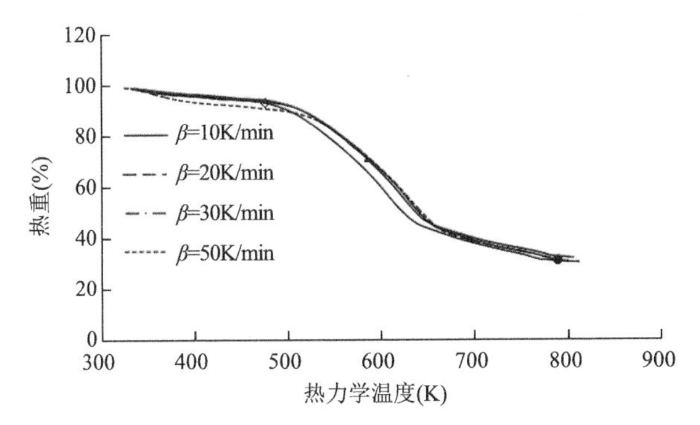

图 5-4　不同升温速率下 A-41 的 TG 曲线

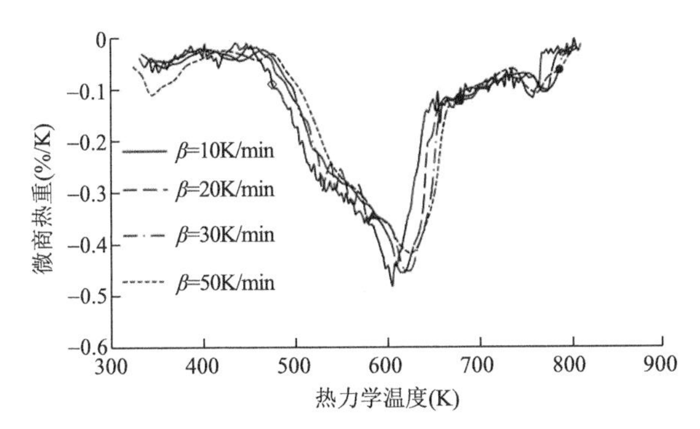

图 5-5　不同升温速率下 A-41 的 DTG 曲线

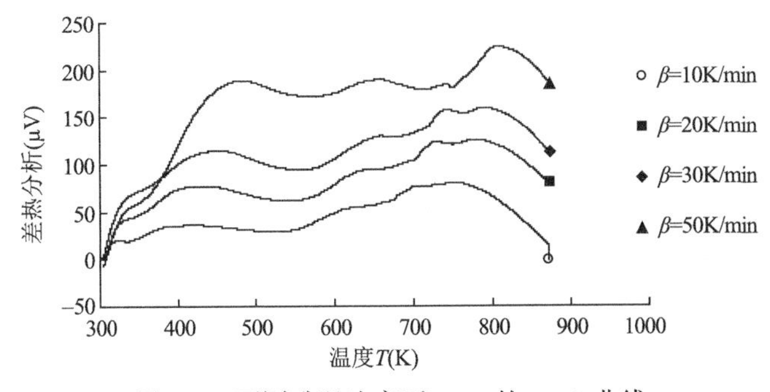

图 5-6　不同升温速率下 S-23 的 DTA 曲线

由图 5-2～图 5-5 看出，在不同的升温速率下，S-23 及 A-41 热解的 TG 曲线和 DTG 曲线反映出了一致的变化趋势，即随着升温速率的增加，各曲线的起始热解温度 T_3 和终止热解温度 T_5 向高温侧轻微移动，T_3 增加的幅度小于 T_5 增加的幅度。并且主反应温度区间也增加。分析 S-23 试样的 DTA 曲线(图 5-6)可以发现，随着升温速率的增加，S-23 热解反应达到最大吸热量的温度也延迟，50K/min 的升温速率下的反应比 10K/min 下的延迟了 53K 左右。这是因为达到相同的温度，升温速率越高，试样经历的反应时间越短。同时升温速率影响到测点与试样、试样外层与内部间的传热温差和温度梯度，从而导致传热滞后现象加重，致使曲线向高温侧移动(Antal et al.，1995)。在 DTA 曲线上可以看到，升温速率越大，参比物 α-Al_2O_3 与样品的温度差越大、峰面积越大、峰形越尖锐。这是因为试样在单位时间内发生转变和反应的量随升温速率增大而增加，从而使焓变速率增加，由于 DTA 曲线从峰值返回基线的温度是由时间和试样与参比物之间的温度差决定的，所以升温速率增加，曲线返回基线时或热效应结束时的温度均向高温方向移动。

由 DTG 曲线可以看出，S-23 在 410K 以前、A-41 在 420K 以前，失重较微弱，主要是 GM 杨木中水分蒸发过程。S-23 在 460～720K 之间、A-41 在 500～700K 之间，失重比较明显，是 GM 杨木热解的主要阶段。800K 以后失重比较微弱，是残留物的缓慢热解阶段。

由表 5-4 看出，升温速率不同，DTG 峰值在−0.481～−0.420 之间变化，且除 10K/min 以外，升温速率增加，DTG 值的绝对值增加，即升温速率 10K/min 以上，转化速率最大值随升温速率增加呈增大趋势；T_3 时刻的 TG 在 93.90%～95.79%之间(根据其值可以近似认为 S-23 才开始热解)，除升温速率 50K/min 以外，随升温速率的增加而增加；T_4 时刻的 TG 值在 66.04%～71.27%之间变化，随升温速率的增加而增加；T_5 时刻的 TG 值在 48.95%～56.35%之间变化，随升温速率的增加而增加，说明了升温速率增加热解转化率减小。

表 5-4　S-23 不同条件下的特征值

试验条件		干燥阶段		热解主要阶段			炭化阶段	DTG 最大峰高	TG(%)		
		T_1(K)	T_2(K)	T_3(K)	T_4(K)	T_5(K)	T_5～热解结束温度(K)	(%/K)	T_3	T_4	T_5
升温速率 β(K/min)(d=0.2～0.3 mm、W=15%)	10	340	372	433	622	656	656～873	−0.481	94.65	66.04	48.95
	20	347	415	447	631	675	675～873	−0.420	95.78	66.52	53.35
	30	336	407	460	622	693	693～873	−0.463	95.79	66.90	54.47
	50	363	401	478	650	720	720～873	−0.478	93.90	71.27	56.35
粒径 d(mm)(β=30K/min、W=25%)	0.2～0.3	351	408	473	641	707	707～873	−0.453	95.08	66.14	50.59
	0.3-0.45	347	384	470	642	707	707～873	−0.438	95.93	66.82	51.84
	0.45-0.9	354	422	482	643	697	697～873	−0.416	94.69	68.13	55.89
含水率 W(%)(d=0.3～0.45 mm、β=20K/min)	5	347	413	435	650	669	669～873	−0.402	95.24	61.55	52.67
	15	337	392	446	629	697	697～873	−0.417	95.65	66.04	52.12
	25	338	393	425	629	707	707～873	−0.432	94.54	67.49	51.62
	35	347	413	424	639	687	687～873	−0.443	95.88	68.92	51.27

由表 5-5 可以看出升温速率对 A-41 的 TG 值和 DTG 值的影响。升温速率不同，DTG 峰值在−1.00～−0.93 之间变化，T_3 时刻的 TG 值在 94.00%～96.86%之间变化，T_4 时刻的 TG 值在 43.18%～46.30%之间变化，T_5 时刻的 TG 值为 29.40%～32.19%。

表 5-5 A-41 不同升温速率的特征值

试验条件	β (K/min)	干燥阶段		热解主要阶段			炭化阶段	DTG 最大峰高 (%/K)	质量分数(%)		
		T_1(K)	T_2(K)	T_3(K)	T_4(K)	T_5(K)	T_5～热解结束温度(K)		T_3	T_4	T_5
d=0.3～0.45 mm、W=5%	10	349	393	499	636	655	655～873	−0.99	94.65	43.47	32.19
	20	352	410	513	649	673	673～873	−1.00	94.14	46.30	31.56
	30	355	413	526	664	689	689～873	−0.93	94.00	43.18	29.40
	50	381	420	545	679	727	727～873	−0.97	96.86	43.61	29.52

从 DTA 曲线可以看出 420K 以前是吸热阶段，这一阶段是生物质中的水的挥发阶段。500～800K 是吸热阶段，它是生物质热解过程中最主要的吸热阶段。之后是放热阶段，它是残留物的缓慢分解阶段(文丽华等，2004；Zhu et al.，2004；Stenseng et al.，2001)。表 5-6 为通过 DTA 曲线计算的主要热解区间的吸热和炭化阶段的放热量。从表中可以看出，随着升温速率的增加，单位质量 S-23 及 A-41 颗粒热解过程中吸、放热量减少，且与升温速率呈线性相关。S-23 热解单位吸热量大于 A-41 热解单位吸热量，而 S-23 的单位热解放热量小于 A-41 的单位热解放热量。

表 5-6 S-23 和 A-41 热解过程中吸放热

β(K/min)	S-23		A-41	
	吸热量(kJ/g)	放热量(kJ/g)	吸热量(kJ/g)	放热量(kJ/g)
10	2.12	0.43	1.23	3.60
20	1.59	0.27	0.77	2.40
30	1.10	0.13	0.66	1.69
50	0.35	0.01	0.13	0.29

3. 热解特性的比较

GM 杨树对热解过程中特征温度和热解转化率的影响见图 5-7 和图 5-8。图 5-7 和图 5-8 是粒径 d=0.3～0.45 mm、含水率 W=25%、升温速率 β=30K/min 时，S-23 和 A-41 TG 曲线和 DTG 曲线对比图。

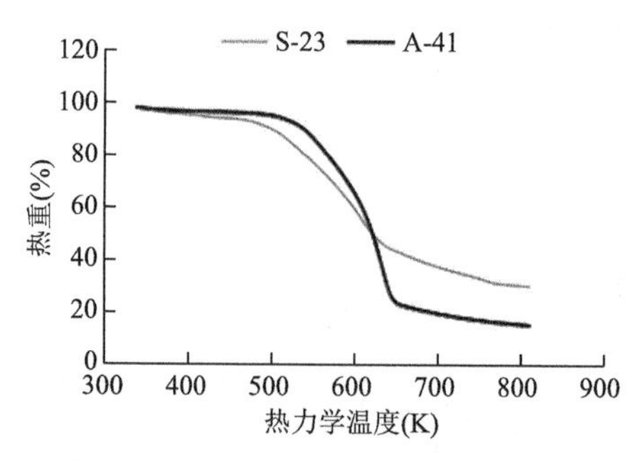

图 5-7　S-23 与 A-41 热重对比曲线

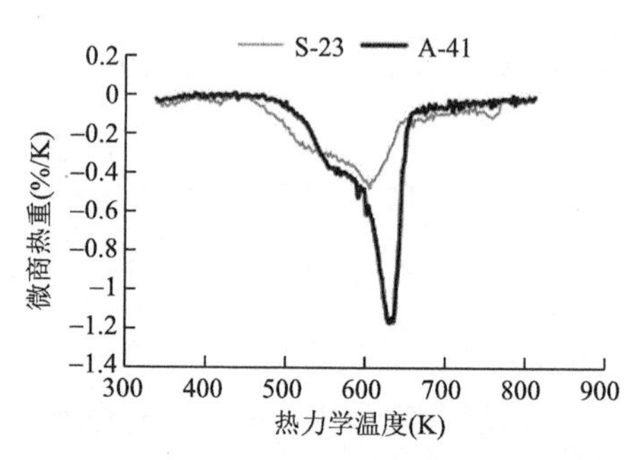

图 5-8　S-23 与 A-41 微商热重对比曲线

试验结果表明，温度在 450K 以下时，S-23 的 TG 曲线略低于 A-41。温度在 550K 以上，两条曲线分开，A-41 的 TG 和 DTG 曲线下降得快。当温度达到 638K 时，S-23 的 DTG 峰值达到最大值为−0.47。当温度达到 663K 时，A-41 的 DTG 峰值达到最大值−1.93。随后，两条 DTG 曲线随温度升高而上升，当温度达到 689K 时趋于平缓，且 A-41 的 DTG 的绝对值大于 S-23 的 DTG 绝对值。由图 5-8 看出，S-23 和 A-41 是在相同的温度区间内热解。550K 以下、689K 以上，A-41 的失重速率略低于 S-23，在热解主要阶段 550～689K 之间，A-41 的失重速率高于 S-23，这是由于 S-23 的抽提物含量高于 A-41，见表 5-3，抽提物在 550K 以下已经开始蒸发，使 S-23 的失重速率高于 A-41。温度在 550～689K 之间，由于这个区间是 S-23 和 A-41 的主要物质热解区间，A-41 中综纤维素的含量高于 S-23，A-41 中的木质素含量是 S-23 的一半，见表 5-3，使 A-41 在主热解区间失重速率大于 S-23。在 689K 以上，是热解后炭的形成过程，炭的形成主要与原料中木质素有关，而 S-23 中木质素含量高，在 689K 之后 S-23 炭的形成过程继续进行，致使 S-23 的失重速率大于 A-41。这也是温度在 689K 以上两条 DTG 曲线距离大于 550K 以下时 DTG 曲线间距离的缘由。A-41 的 DTG 峰温滞后 S-23 的 DTG 峰温 25K，也是由于 A-41 中综纤维素含量高于 S-23，见表 5-3。

5.4　GM 杨树木材热解动力学方程的建立

本节主要是确定热解转化率与热解温度之间的依赖关系，获得 GM 杨树木材热解动力学参数：表观活化能(E)和频率因子(A)，为进一步探索 GM 杨树木材非等温热解机理提供理论依据。

在对 GM 杨树热解动力学方程的建立过程中，为了使计算反映主反应区间的情况，采用了窄温度范围来计算，也就是对应最主要的失重区域，即图 5-1 中 T_3～T_5 温度区间。在这个主要的失重区间进行转化率 α 的计算。但进行热解动力学分析过程中使用的热解初始温度 T_3 和终了温度 T_5 的确定对热解动力学分析至关重要，选取正确与否直接关系到热解动力学方程的确定。由于 GM 杨树木材的热解是一个非常复杂的化学反应过程，其中不但有主要成分如半纤维素、纤维素和木质素的分解反应发生，还有其他很多反应同时发生，而对这些反应，通常难以分别分析。由于这些反应的作用，在获得的失重曲线上没有严格的平台存在，因此通常无法在 TG 曲线上确定一个明确的点对应于一个反应过程的开始和结束。为处理这个问题，采用 DTG 曲线上绝对值最小的点作为两失重阶段的分界线。

5.4.1　热解动力学基本方程

热解动力学基本方程为式(5-4)，这里采用积分形式求解热解表观活化能和频率因子。热解表观活化能和频率因子的求解是在同一升温速率下对热分析测得的曲线上的数据点进行分析，通过动力学方程积分形式进行各种变换，得到不同形式的线性方程。然后尝试将反映各种热解机理的热解动力学不同模式函数积分式 $F(\alpha)$ 代入，从所得直线的斜率和截距能求出 E 和 A；而在代入方程计算时，选择能使方程获得最佳线性者，即为最可能的机理函数 $F(\alpha)$。通常用于固体反应机制研究的 $F(\alpha)$ 的形式如表 5-7 所示。首先确定机理函数 $F(\alpha)$，根据线性方程的斜率和截距求解热解表观活化能和频率因子，把表观活化能和频率因子及确定的机理函数代入式(5-4)中即为热解动力学方程。

表 5-7　不同反应机理的 $F(\alpha)$ 函数式

函数号	机理名称	机理	积分函数($F(\alpha)$)
1	抛物线法则	一维扩散，1D	α^2
2	Valensi(Barrer)方程	二维扩散，2D	$(1-\alpha)\ln(1-\alpha)+\alpha$
3	Ginstling-Broushtein 方程	三维扩散，3D(圆柱形对称)	$(1-2\alpha/3)-(1-\alpha)^{2/3}$

续表

函数号	机理名称	机理	积分函数（$F(\alpha)$）
4	Jander 方程	三维扩散，3D(球形对称)	$[1-(1-\alpha)^{1/3}]^2$
5	anti-Jander 方程	三维扩散，3D	$[(1+\alpha)^{1/3}-1]^2$
6	Zhuralev，Lesokin 和 Tempelmen 方程	三维扩散，3D	$\{[1/(1-\alpha)]^{1/3}-1\}^2$
7	反应级数	n=1/4	$1-(1-\alpha)^{1/4}$
8～12	Avrami-Erofeev 方程	随机成核和随后生长(n=1，1.5，2，3，4)	$[-\ln(1-\alpha)]^{1/n}$
13	收缩圆柱体(面积)	相边界反应，圆柱形对称	$1-(1-\alpha)^{1/2}$
14	收缩球状(体积)	相边界反应，球形对称	$1-(1-\alpha)^{1/3}$
15	幂函数法则	P_1，加速型，α-T 曲线	α
16	幂函数法则	P_1，加速型，α-T 曲线	$\alpha^{1/2}$
17	反应级数	n=2	$1-(1-\alpha)^2$
18	反应级数	n=3	$1-(1-\alpha)^3$
19	反应级数	化学反应	$(1-\alpha)^{-1}-1$
20	3/2 级	化学反应	$(1-\alpha)^{-1/2}$
21	2 级	化学反应	$(1-\alpha)^{-1}$
22	3 级	化学反应	$(1-\alpha)^{-2}$

5.4.2　建立热解动力学模型的基本思想

建立 GM 杨树木材热解动力学模型的基本思想是：在较简单的化学反应中 $F(\alpha)$ 是由特定的反应机理来确定的。由于生物质热解过程极为复杂，包含许多中间反应，某一机理不足以控制整个过程。所以从常用的固态反应动力学机理函数(表 5-7)中选择，然后通过计算进行检验，具体过程如下：首先选取 $F(\alpha)$，根据热重试验的数据，将 $\ln\left(\frac{F(\alpha)}{T^2}\right)$ 对 $\frac{1}{T}$ 作图，该图线是否呈线性，就是判断选取的 $F(\alpha)$ 是否合理的标准。当确定了合理的 $F(\alpha)$ 后，就可以从直线的斜率和截距中求出热解表观活化能 E 和频率因子 A。从 GM 杨树木材的 TG 和 DTG 曲线出发，根据曲线本身的特征，为 GM 杨树木材的热解失重行为选取合理的反应机理函数。

5.4.3　热解动力学机理函数的确定

由于积分法中 $P(y)$ 在数学上无解，只能得近似解，不同的近似解使得所确定的机理函数不能真实地反映实际热解过程，存在着计算的表观活化能和频率因子的差异。因此需要通过几种方法的相互验证，来确定热解动力学机理函数。确定热解动力学机理函数的方法很多，理论上，对于同一体系，用不同的方法获得的动力学参数的结果应该在某个范围内基本一致，但实际上并非如此。良好的线性并不能保证所选机理函数的合理性(Prasad et al.，1992)，有时候同一组数据可能有几种机理函数与之匹配，研究结果的这种不一致性甚至在严格的试验条件下也难以避免。为此，如何选择一个合理的机理函数 $F(\alpha)$ 是关系到整个模型优劣的重要问题。

为了选取一个更为接近实际的机理函数，首先采用对于生物质热解常用的 Coats-Redfern 积分方法将热重数据代入到表 5-7 中的 22 个机理函数中求其线性相关系数，根据线性相关系数的大小，在表 5-7 中选取几个可能接近实际的机理函数，再用 Flynn-Wall-Ozawa 法、双外推法来确认机理函数。

1. Coats-Redfern 积分方法

当温度低于 T_0 时木材几乎不会发生失重，因此认为在低温时的反应速率很小，可以忽略不计，故式(5-4)中积分项可以化简为

$$\int_{T_0}^{T} \exp(-E/RT)\mathrm{d}T = \int_{0}^{T} \exp(-E/RT)\mathrm{d}T \tag{5-7}$$

然后对式(5-7)右边 Coats-Redfern 积分，可得

$$\int_{0}^{T} \exp(-E/RT)\mathrm{d}T = \frac{RT^2}{E}\left(1-\frac{2RT}{E}\right)\exp(-E/RT)$$

$$F(\alpha) = \frac{ART^2}{\beta E}\left(1-\frac{2RT}{E}\right)\exp(-E/RT) \tag{5-8}$$

对式(5-8)两边取对数后得

$$\ln\left[\frac{F(\alpha)}{T^2}\right] = \ln\left[\frac{AR}{\beta E}\left(1-\frac{2RT}{E}\right)\right] - \frac{E}{RT} \tag{5-9}$$

式中，由于 $2RT/E \ll 1$，而对于一般的反应温度范围和大多数的反应活化能 E 而言，$\ln[(AR/\beta E)(1-2RT/E)]$ 均为常数，那么 $\ln[F(\alpha)/T^2]$ 对 $1/T$ 的图线应该是一条直线，其斜率为 $-E/R$，直线的截距中包含频率因子 A。而该图线是否

呈现线性，就是判断选取的 $F(\alpha)$ 是否正确的标准。当确定了正确的 $F(\alpha)$ 后，就可以根据图线的斜率和截距分别求出表观活化能 E 和频率因子 A，这里 $\ln[F(\alpha)/T^2]$ 对 $1/T$ 图线线性程度体现了所建立模型的优劣。

把表 5-7 中 22 个机理函数代入式(5-9)，其中 α 的数值是通过 5.3 节中不同升温速率下的 S-23 颗粒和 A-41 颗粒热解失重的数据计算获得。这样就得到大量（$\ln[F(\alpha)/T^2]$，$1/T$）点，对这些点进行线性拟合，得到 $\ln[F(\alpha)/T^2]-1/T$ 的直线。根据式(5-9)得到表观活化能 E 和频率因子 A。每个升温速率、每个机理函数对应一条直线，根据线性相关程度判断最适合 S-23 或 A-41 热解的机理函数。采用 Coats-Redfern 积分法确定 S-23 热解动力学参数(附表 1)，根据不同升温速率下线性拟合相关系数来判断合适的机理函数，其中线性相关系数 R 最大的认为是最接近实际过程的机理函数。

根据附表 1 的数据，第 6 个机理函数线性相关系数最大，其为三维扩散反应动力学机理函数 $\{[1/(1-\alpha)]^{1/3}-1\}^2$。从附表 1 看出很多机理函数线性拟合的相关系数都达到 0.98 以上，因不同的机理函数获得的动力学参数相差甚远，所以要单纯地依赖于线性相关程度来选择机理函数还不够，需用其他方法来进一步验证，下面用 Flynn-Wall-Ozawa 法来验证。

图 5-9 中的机理函数 $F(\alpha)$ 为 $\{[1/(1-\alpha)]^{1/3}-1\}^2$，其中直线是运用第 6 个机理函数对 d=0.2～0.3 mm、W=15% 的 S-23 热重数据求解表观动力学参数的拟合曲线。图中，y_{10}、y_{20}、y_{30} 和 y_{50} 分别代表升温速率 β=10K/min、β=20K/min、β=30K/min 和 β=50K/min 时，$\ln[F(\alpha)/T^2]-1/T$ 的直线方程。

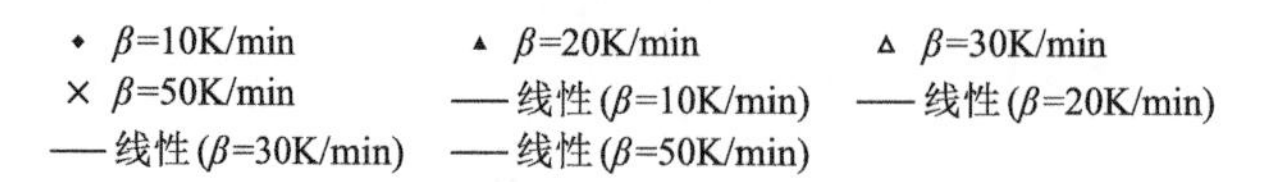

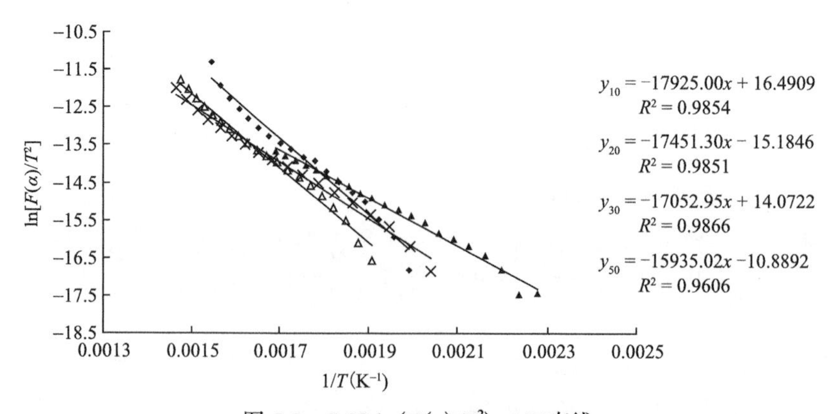

图 5-9　S-23 $\ln(F(\alpha)/T^2)$ -1/T 直线

2. Flynn-Wall-Ozawa 法

Flynn-Wall-Ozawa 法是一种近似积分法，避开了反应机理函数的选择而直接求出表观活化能值。与其他方法相比，它避免了因反应机理函数的假设不同而可能带来的误差。因此可用来检验其他用假设反应机理方法求得的活化能值。这是 Flynn-Wall-Ozawa 法的一个突出优点(于伯龄等，1990)。

利用积分式(5-4) $F(\alpha)=\frac{A}{\beta}\int_{T_0}^{T}\exp(-E/RT)\mathrm{d}T=\frac{AE}{\beta R}P(y)$，式中 $F(\alpha)=\int_0^{\alpha}\frac{\mathrm{d}\alpha}{f(\alpha)}$，$P(y)=\int_{-\infty}^{y}-\frac{\exp(-y)}{y^2}\mathrm{d}y$，通过数学积分变换，

$$P(y)=\frac{\exp(-y)}{y^2}\left(1-\frac{2!}{y}+\frac{3!}{y^2}-\frac{4!}{y^3}+\cdots\right) \tag{5-10}$$

把式(5-10)取前两项近似，当 $20\leqslant y\leqslant 60$ 时，下式成立

$$\lg P(y)=-2.315-0.4567y \tag{5-11}$$

对式(5-4)整理后得

$$\beta=\frac{AE}{RF(\alpha)}P(y) \tag{5-12}$$

对式(5-12)两边取对数，得

$$\lg\beta=\lg\frac{AE}{RF(\alpha)}+\lg P(y) \tag{5-13}$$

将式(5-11)代入式(5-13)，得

$$\lg\beta=\lg\frac{AE}{RF(\alpha)}-2.315-0.4567\frac{E}{RT} \tag{5-14}$$

分析式(5-14)可以发现，当 α 是常数时，假定 $F(\alpha)$ 只与 α 有关，不管 $F(\alpha)$ 形式如何，$F(\alpha)$ 总是常数，这样对 $\lg\beta$ - $1/T$ 作图，其斜率为($-0.4567E/R$)，从而求出热解反应的表观活化能值，结果见表 5-8。由式(5-14)可以发现，在计算活化能过程中至少需要用到两个升温速率的曲线，因为确定直线至少需要两个点，每个点的坐标为($\lg\beta$，$1/T$)，所以升温速率越多计算越精确。Flynn-Wall-Ozawa 法计算的动力学参数表征的是不同转化率下多个升温速率的平均值，其参数与热解深度有关，而 Coats-Redfern 积分法计算的动力学参数表征的是每一个升温速率下热解主要阶段的平均值，其参数与升温速率有关。

表 5-8　S-23 Flynn-Wall-Ozawa 法计算的热解动力学参数

α	E(kJ/mol)	lg$A$	R
0.2	142.65	10.93	–0.9225
0.3	162.08	12.54	–0.9410
0.4	163.51	12.56	–0.9561
0.5	162.99	12.49	–0.9663
0.6	167.93	12.91	–0.9622
0.7	170.53	13.13	–0.9319
0.8	91.88	6.86	–0.4389

图 5-10 表达的是不同升温速率下，粒径 d=0.2～0.3 mm、W=15%的 GM 杨树树皮转化率与温度的关系。图中曲线表明：整体上，升温速率大的热解过程达到相同转化率时所需热解温度高。当转化率在 0.1 以下时，各条曲线距离很近，说明转化率在 0.1 以下时升温速率对转化温度的影响不大，当转化率在 0.74 以上时 β=10K/min 的曲线超过 β=20K/min 的曲线，且逐渐超过 β=30K/min 的曲线。转化率在 0.84 以上时 β=20K/min 曲线趋于 β=30K/min 的曲线。这些说明在转化率在 0.7 以上时，升温速率小的热解达到相同转化率时的温度高。转化率在 0.1～0.74 之间升温速率对温度的影响大。

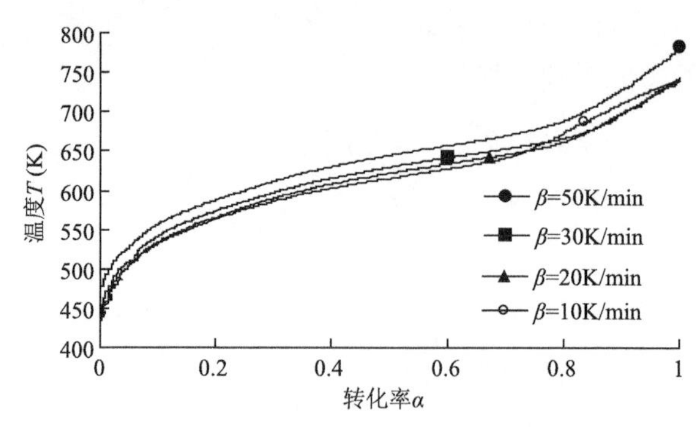

图 5-10　不同升温速率下转化率与温度的关系曲线

以上现象原因分析：对于相同的转化率，因为物料颗粒在热解过程中存在热量传递和质量扩散过程，升温速率越大其滞后效应就越大，达到相同温度所需时间短，热解转化率低于升温速率小的热解过程，而对于转化率达到较高的数值时，亦即温度高达一定范围时，由于不同升温速率下热质传递引起的滞后效应趋于一致，热解过程主要取决于热解温度。

图 5-11 中 $y_{0.2}$、$y_{0.3}$、…、$y_{0.8}$ 代表的是转化率 α 为 0.2、0.3、…、0.8 时的 lgβ-1/T

直线方程。可以看出转化率在 0.2～0.7 的线性相关程度大，转化率 0.8 的线性相关程度小。

表 5-8 是由图 5-11 中的线性方程计算得到的动力学参数。由表 5-8 比较可以看出热解表观活化能基本上均随反应的加深而基本上呈增大趋势。这可能与生物质中半纤维素与纤维素的不同热解特性有关。纤维素的表观活化能较高，大约为 200 kJ/mol，热解温度较高（573K～703K）。半纤维素的表观活化能较低，约为 100 kJ/mol，热解温度较低（523～623K）。木质素的表观活化能最低，约为 80 kJ/mol，热解温度较宽（523～823K）（Orfão et al.，1999；Rao et al.，1998）。反应深度较低时，表观活化能主要依赖于半纤维素的热解，因而活化能较低：反应深度较高时，表观活化能主要依赖于纤维素的热解，因而表观活化能较高。

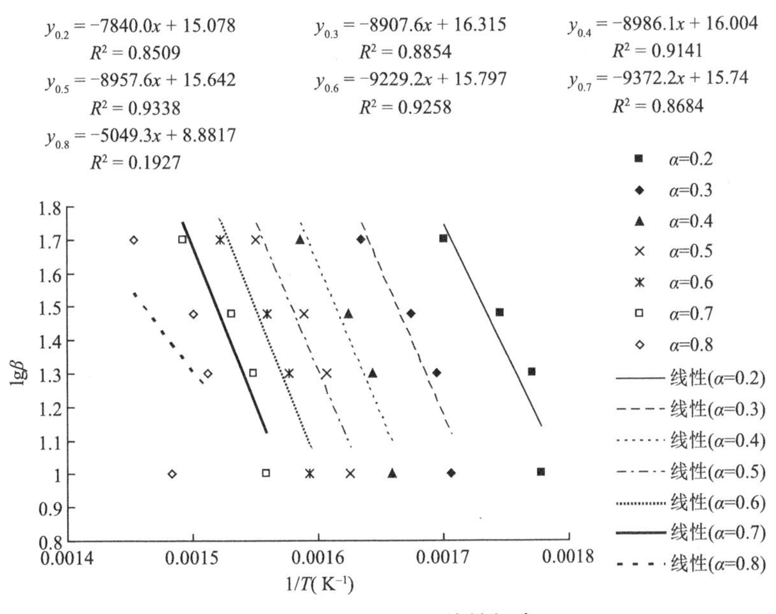

图 5-11　lgβ 对 1/T 的线性拟合

从表 5-8 中的线性相关系数看出，只有转化率 0.8 时线性相关系数为–0.4389，其他转化率下的线性相关系数的绝对值都大于 0.92，说明对于粒径 d=0.2～0.3 mm、W=15%的 S-23 颗粒的热解区间进行全局动力学模型模拟欠妥，需采用分阶段模拟。本研究从转化率为 0.7 为分界点，分两阶段进行双阶段模拟，每个阶段都重新定义了热解起始点和终止点，即重新确定了每个阶段的转化率公式。热解反应本质上说明反应物只有具备了活化能才能参与反应，这种能量是反应体系本身固有的，只要反应体系一经确定，这个能量将不再变化。热解过程中每个阶段都应看成为一个反应体系，这样计算的动力学方程与实际比较接近，所以本研究采用了分阶段分体系的研究方法(即把每个阶段看成是独立的热解过程,采用分阶段的转化率计算方法)进行动力学计算。

通过对 DTG 曲线分析发现转化率为 0.7～0.8 区间恰恰包含了 DTG 曲线主要热解峰。由于从峰温开始，热解转化速率由逐渐升高转为逐渐降低，这时的反应很复杂，很难用相应的模型来描述，这也是很多学者避开这一点的原因。

由表 5-8 中的表观活化能值与 Coats-Redfern 法选取的表 5-7 中第 6 个机理函数计算活化能的值基本相近,说明表 5-7 中第 6 个机理函数可能是粒径 d=0.2～0.3 mm、W=15%的 S-23 热解的机理函数，但很多学者的研究表明生物质的热解过程为一级反应模型，而表 5-7 中第 8 个机理函数为一级反应模型，且附表 1 中第 8 个机理函数对应的线性相关系数也很高。为了确定表 5-7 中第 6 个和第 8 个机理函数哪个是最接近真实热解机理的函数，下面采用双外推法进行机理函数的确定。

3. 双外推法

该法是我国学者潘云祥教授于 1999 年提出的。他认为，固体样品在一定升温速率的热场中的受热过程是非定温过程，样品自身的热传导造成了样品本身及样品与热场之间始终处于一种非热平衡状态，在此基础上得到的反应机理及动力学参数显然与其真实情况有一定的偏离。这与热平衡态的偏离程度和升温速率密切相关。升温速率越大，偏离就越大，升温速率越小，偏差越小。将升温速率外推为零，就可获得理论上的样品处于热平衡态下的有关参数，它将反映过程的真实情况。另外，一个样品在不同转化率时，其表观活化能等动力学参数往往呈现规律性的变化，如果获得转化率为零时的有关动力学参数，则可认为它是体系处于原始状态时的参数。据此，提出用双外推法，即将升温速率和转化率外推为零求样品在热平衡态下的 $E_{\beta\to0}$ 及原始状态下的 $E_{\alpha\to0}$，两者相结合确定一个固相反应的最概然机理函数(于伯龄等，1990；潘云祥等，1999)。

Coats-Redfern 积分式(Yu，1990)为

$$\ln\left[\frac{F(\alpha)}{T^2}\right]=\ln\frac{AR}{\beta E}-\frac{E}{RT} \tag{5-15}$$

根据式(5-15)，结合表 5-7 的 22 个机理函数，计算出的动力学参数见附表 1，可以看出计算得出的 E、A 值随 β 而异。这显然是样品具有一定的热阻，致使程序升温所提供的加热速率与样品自身的升温速率不能吻合。因而在反应中样品的自冷和自热效应歪曲了表观活化能，无疑会对反应机理的判别带来偏差。将加热速率外推为零，使样品处于理想的热平衡状态，将会克服这种偏差，如此获得的 $E_{\beta\to0}$ 值更趋于其真实值。

又根据式(5-14)可知，当 α 一定时，$F(\alpha)$ 为定值，则 $\lg\beta$ 与 $1/T$ 呈直线关系。

由此可求出对应于不同α时的表观活化能 E。以$E_{\beta\to0}$值与$E_{\alpha\to0}$值相比较，与之相近的$E_{\beta\to0}$值所代表的$F(\alpha)$为反应的最可能机理函数无疑是最有说服力的。

由附表 1 可以看出，根据线性相关系数 R 和表观活化能 E 确定最可能机理函数为：第 1 个、第 2 个、第 3 个、第 4 个、第 5 个、第 6 个、第 7 个和第 8 个。分别对附表 1 中第 1 个～第 8 个机理函数 Coats-Redfern 法计算的表观活化能作β外推为零处理，获得各自的$E_{\beta\to0}$及$(\ln A)_{\beta\to0}$，见表 5-9。根据表 5-8 中的α和 E 值，外推α为零，得到$E_{\alpha\to0}$值分别为 154.74 kJ/mol，将其与表 5-9 的 8 个机理函数计算得到的$E_{\beta\to0}$值比较，计算后得到的最佳机理函数为第 6 个机理函数，说明第 6 个机理函数是最接近实际的机理函数。

表 5-9　不同模型活化能 E 和 $\ln A$ 外推为零的值

模型	$E_{\beta\to0}$	$(\ln A)_{\beta\to0}$	R_E	$R_{\ln A}$
1	110.34	19.35	0.9922	0.9592
2	118.76	20.75	0.9908	0.9548
3	121.45	19.93	0.9939	0.9618
4	128.79	21.74	0.9930	0.9596
5	103.40	14.28	0.9050	0.5763
6	153.36	27.80	0.9952	0.9658
7	61.32	8.76	0.9953	0.9158
8	65.54	11.22	0.9935	0.8493

注：R_E、$R_{\ln A}$分别为 E-β 、$\ln A$ - β 的线性相关系数。

5.4.4　热解动力学参数的确定

根据 5.4.3 节的分析，确定 S-23 的热解机理函数为$F(\alpha)=\left\{[1/(1-\alpha)]^{1/3}-1\right\}^2$，通过 Coats-Redfern 法计算的表观活化能和频率因子为 S-23 热解的表观活化能和频率因子，见附表 1。

A-41 热解机理函数确定、表观活化能和频率因子的计算等同于 S-23，结果为：A-41 的热解机理函数为$F(\alpha)=\left\{[1/(1-\alpha)]^{1/3}-1\right\}^2$，其表观活化能和频率因子见表 5-10。

表 5-10　A-41 热解动力学参数

β(K/min)	E(kJ/mol)	$\ln A$	R
10	220.23	41.10	−0.9825
20	224.72	40.68	−0.9831

续表

β(K/min)	E(kJ/mol)	ln$A$	R
30	226.37	41.50	−0.9804
50	229.53	41.53	−0.9819

5.4.5 GM 杨树木材热解动力学方程

1. S-23 热解动力学方程

根据以上分析可知，在本热重试验条件下，采用两个阶段的热解动力学方程对 S-23 热解过程进行预测。根据 5.4.3 节确定机理函数的方法对两阶段热解反应进行热解动力学机理函数确定，计算结果为两阶段热解反应机理函数是表 5-7 中第 6 个机理函数。采用 Coats-Redfern 法计算的动力学参数见表 5-11。S-23 两阶段热解反应动力学方程见表 5-12 和表 5-13。表 5-12 和表 5-13 是含水率为 15%、粒径为 0.2～0.3 mm 条件下，S-23 颗粒的热解动力学方程。

表 5-11　两阶段动力学参数

β(K/min)	第一阶段			第二阶段		
	E(kJ/mol)	ln$A$(min^{-1})	R	E(kJ/mol)	ln$A$(min^{-1})	R
10	161.3	29.11	−0.9860	983.4	160.34	−0.9743
20	158.0	25.00	−0.9874	883.5	179.00	−0.9631
30	143.4	26.55	−0.9874	761.9	136.34	−0.9612
50	136.3	29.93	−0.9866	627.4	108.84	−0.9582

注：β=10 K/min 时第一阶段的温度区间为 160～368℃，第二阶段温度区间为：368～400℃；β=20 K/min 时第一阶段的温度区间为 174～372℃，第二阶段温度区间为：372～402℃；β=30 K/min 时第一阶段的温度区间为 187～379℃，第二阶段温度区间为：379～420℃；β=50 K/min 时第一阶段的温度区间为 205～369℃，第二阶段温度区间为：369～447℃。

表 5-12　不同升温速率下 S-23 第一阶段 Coats-Redfern 热解动力学方程

β(K/min)	热解动力学方程
10	$\ln(((1/(1-\alpha))^{1/3}-1)^2/T^2)=\ln(1-10.5\times10^{-5}T)-19009/T+16.956$
20	$\ln(((1/(1-\alpha))^{1/3}-1)^2/T^2)=\ln(1-12.2\times10^{-5}T)-16399/T+12.296$
30	$\ln(((1/(1-\alpha))^{1/3}-1)^2/T^2)=\ln(1-11.6\times10^{-5}T)-17256/T+13.796$
50	$\ln(((1/(1-\alpha))^{1/3}-1)^2/T^2)=\ln(1-10.3\times10^{-5}T)-19415/T+17.063$

表 5-13　不同升温速率下 S-23 第二阶段 Coats-Redfern 热解动力学方程

β(K/min)	热解动力学方程
10	$\ln(((1/(1-\alpha))^{1/3}-1)^2/T^2)=\ln(1-1.88\times10^{-5}T)-106314/T+146.46$
20	$\ln(((1/(1-\alpha))^{1/3}-1)^2/T^2)=\ln(1-1.69\times10^{-5}T)-118345/T+164.32$
30	$\ln(((1/(1-\alpha))^{1/3}-1)^2/T^2)=\ln(1-2.18\times10^{-5}T)-91685/T+121.92$
50	$\ln(((1/(1-\alpha))^{1/3}-1)^2/T^2)=\ln(1-2.65\times10^{-5}T)-75494/T+94.61$

通过表 5-11 可以得出含水率为 15%、粒径为 0.2～0.3 mm 的 S-23 颗粒的平均热解表观活化能为 481.9 kJ/mol。

图 5-12～图 5-19 表达了试验测得的 S-23 热解转化率与温度的两阶段曲线和热解动力学方程预测的转化率与温度的两阶段曲线。从相关系数看出 S-23 热解动力学方程能够描述实际的热解过程。

图 5-12 和图 5-13 为升温速率 β=10K/min 两阶段下的 S-23 热解动力学方程预测曲线和实验数据曲线。

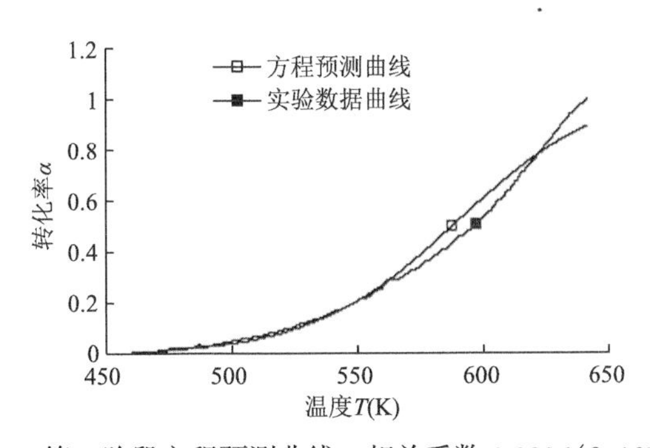

图 5-12　第一阶段方程预测曲线，相关系数 0.9896(β=10K/min)

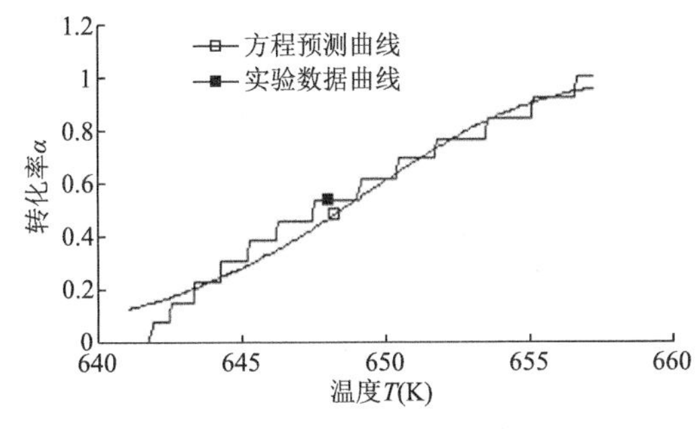

图 5-13　第二阶段方程预测曲线，相关系数 0.9945(β=10K/min)

图 5-14 和图 5-15 为升温速率 β=20K/min 两阶段下的 S-23 热解动力学方程预测曲线和实验数据曲线。

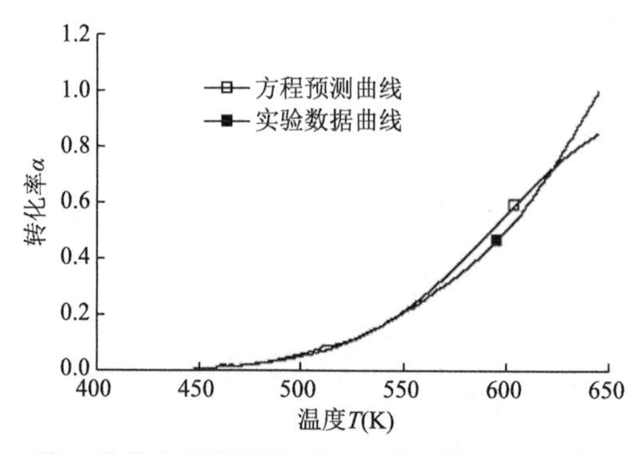

图 5-14　第一阶段方程预测曲线，相关系数 0.9747（β=20K/min）

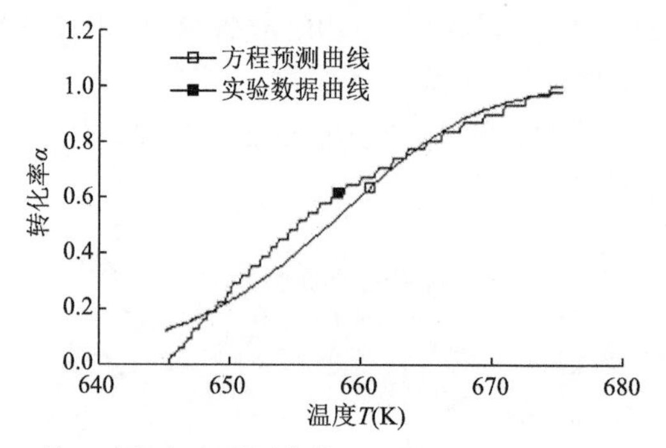

图 5-15　第二阶段方程预测曲线，相关系数 0.9950（β=20K/min）

图 5-16 和图 5-17 为升温速率 β=30K/min 两阶段下的 S-23 热解动力学方程预测曲线和实验数据曲线。

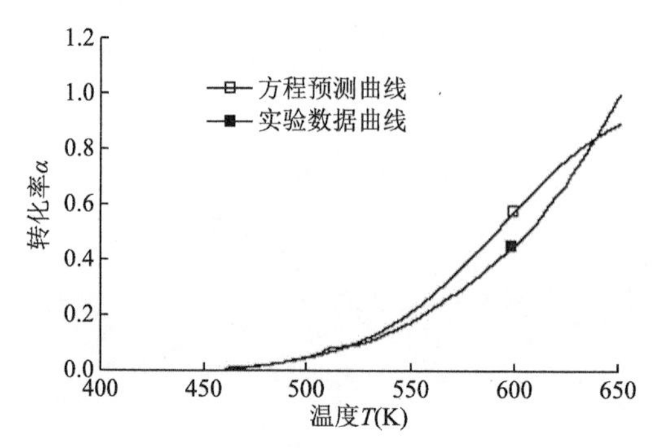

图 5-16　第一阶段方程预测曲线，相关系数 0.9828（β=30K/min）

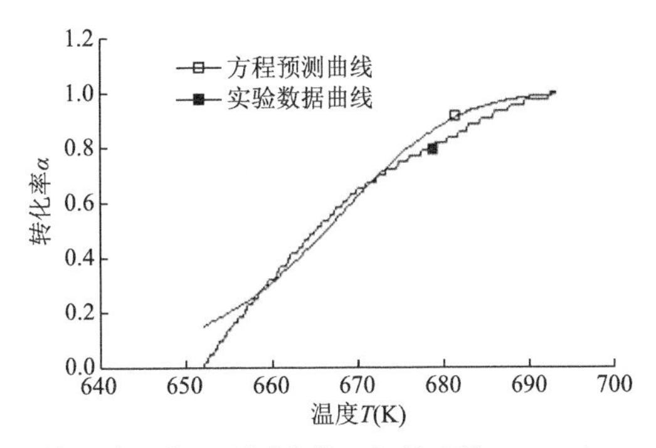

图 5-17　第二阶段方程预测曲线，相关系数 0.9933（β=30K/min）

图 5-18 和图 5-19 为升温速率 β=50K/min 两阶段下的 S-23 热解动力学方程预测曲线和实验数据曲线。

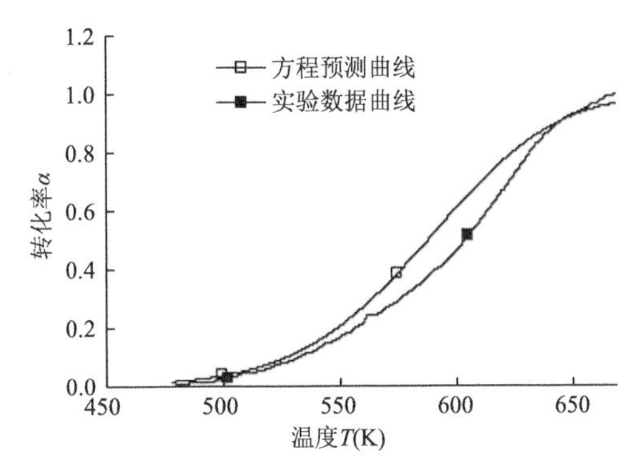

图 5-18　第一阶段方程预测曲线，相关系数 0.9898（β=50K/min）

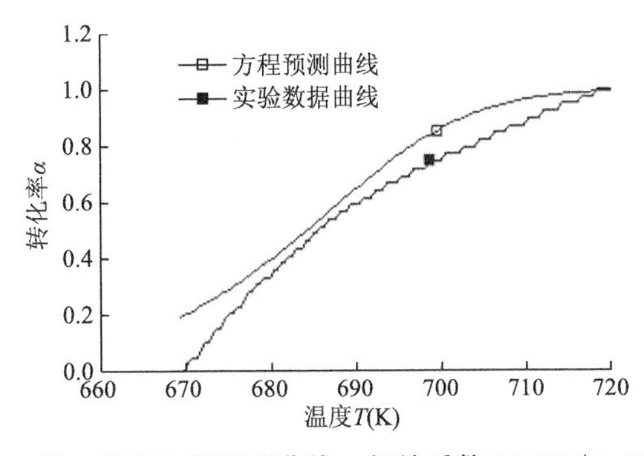

图 5-19　第二阶段方程预测曲线，相关系数 0.9918（β=50K/min）

2. A-41 热解动力学方程

表 5-14 是含水率为 15%、粒径为 0.2～0.3 mm 条件下，A-41 颗粒的热解动力学方程。

表 5-14　Coats-Redfern 积分方法计算的不升温速率 A-41 热解动力学方程

β(K/min)	表 5-7 中第 6 个机理函数建立的解动力学方程
10	$\ln(((1/(1-\alpha))^{1/3}-1)^2/T^2)=\ln(1-7.55\times10^{-5}T)-26501.81/T+28.59$
20	$\ln(((1/(1-\alpha))^{1/3}-1)^2/T^2)=\ln(1-7.40\times10^{-5}T)-27042.12/T+27.48$
30	$\ln(((1/(1-\alpha))^{1/3}-1)^2/T^2)=\ln(1-7.34\times10^{-5}T)-27240.67/T+27.85$
50	$\ln(((1/(1-\alpha))^{1/3}-1)^2/T^2)=\ln(1-7.24\times10^{-5}T)-27620.94/T+27.39$

图 5-20～图 5-23 表达了实验测得的 A-41 转化率与温度的曲线和热解动力学方程预测的转化率与温度的曲线。从相关系数看出 A-41 热解动力学方程能够描述实际的热解过程。

图 5-20 为升温速率 β=10K/min GM 杨树实木热解动力学方程预测曲线和实验数据曲线。

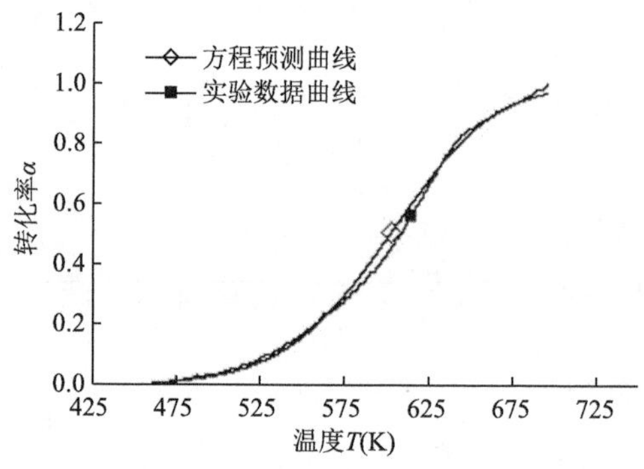

图 5-20　方程预测曲线，相关系数为 0.9983(β=10K/min)

图 5-21 为升温速率 β=20K/min GM 杨树实木热解动力学方程预测曲线和实验数据曲线。

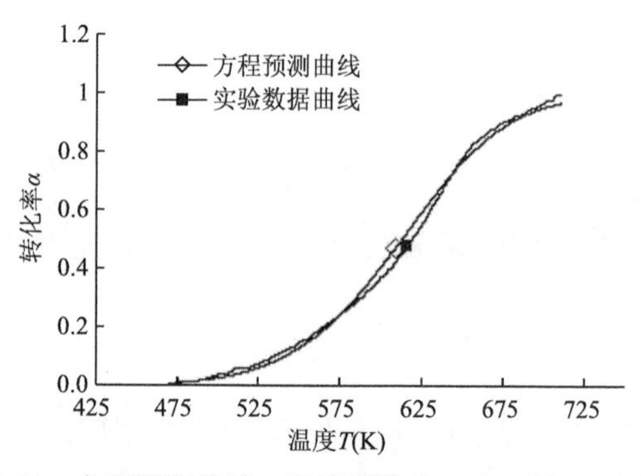

图 5-21　方程预测曲线，相关系数为 0.9979(β=20K/min)

图 5-22 为升温速率 β=30K/min GM 杨树实木热解动力学方程预测曲线和实验数据曲线。

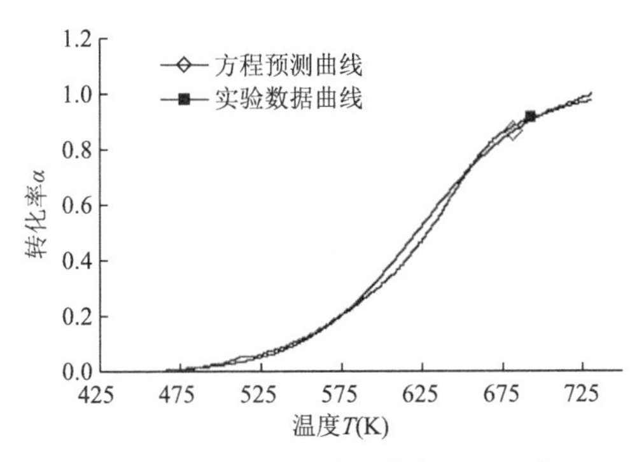

图 5-22　方程预测曲线，相关系数为 0.9980（β=30K/min）

图 5-23 为升温速率 β=50K/min GM 杨树实木热解动力学方程预测曲线和实验数据曲线。

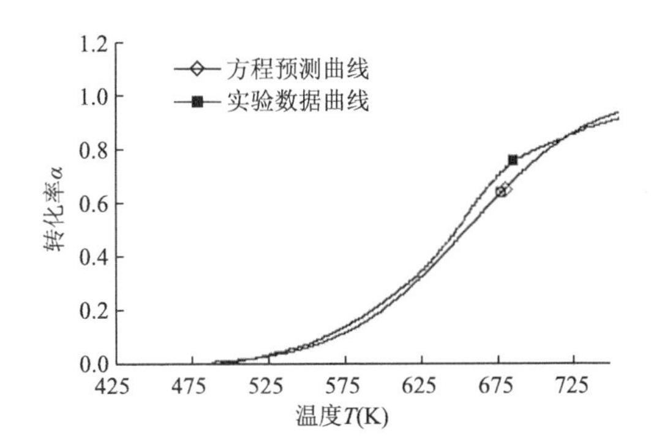

图 5-23　方程预测曲线，相关系数为 0.9972（β=50K/min）

5.5　GM 杨树木材热解动力学模型的优点

为了选取出一个最为接近事实的机理函数,先列出 22 种典型的气固反应的机理模型，对这 22 种不同机理函数采用 Coats-Redfern 法进行线性拟合，比较 22 种直线方程的相关系数，再结合 Flynn-Wall-Ozawa 法、双外推法来确定最有可能的机理函数，通过多种方法进行判断，克服每种方法的判断误差，从而确定最接近 GM 杨树木材热解真实情况的热解机理函数。其中采用特征相关法避开了从线性角度判断热解机理函数，避免了直线拟合可能产生的误差，正确判断热解动力学机理函数，降低了常规确定热解机理函数由于过程的复杂性带来的判断误差。

5.6 本章小结

(1)A-41 的 DTG 峰温滞后 S-23 的 DTG 峰温 25K。

(2)S-23 的 DTG 峰最大值为–0.47，A-41 的 DTG 峰最大值为–1.93。A-41 的热解转化率大于 S-23 的热解转化率。

(3)升温速率升高使 TG 和 DTG 曲线向高温侧移动，热解主要阶段变宽，通过 DTA 曲线得出，随升温速率增加，单位质量 S-23 及 A-41 颗粒热解过程中吸、放热量减少，且与升温速率呈线性相关。S-23 热解单位吸热量大于 A-41 热解单位吸热量，而 S-23 的单位热解放热量小于 A-41 的单位热解放热量。

(4)通过 Coats-Redfern 法、Flynn-Wall-Ozawa 法、双外推法对现有的 22 个机理函数进行筛选，确定了 GM 杨树木材热解动力学机理函数为三维扩散模式即 $F(\alpha)=\left\{[1/(1-\alpha)]^{1/3}-1\right\}^2$，$\alpha<1$。建立了 GM 杨树木材热解动力学方程，S-23 的热解过程采用两阶段热解动力学方程描述，A-41 热解过程采用一阶段热解动力学方程描述。方程能很好地描述 GM 杨树热解过程，预测不同热解温度下的转化率，为研究 GM 杨树木材快速热解动力学奠定了基础。

(5)S-23 热解过程中单位吸热量为 699 kJ/kg，A-41 单位吸热量为 1290 kJ/kg。

第 6 章　GM 杨树木材快速热解产物分析

采用先进测试手段对 GM 杨树木材快速热解产物进行分析，是本研究的有机组成部分。了解和掌握快速热解产物(特别是生物油)的组分及其影响因素，对于深入认识快速热解机理、探索热解规律具有重要指导意义。本章对 S-23 和 A-41 快速热解生物油进行了 GC-MS 分析，同时还对沥青质进行了 FTIR 分析。另外，本章也对快速热解气体产物(含不凝气体)进行了热脱附冷阱注入(thermal desorption cold trap injector，TCT)分析，对热解炭进行了场发射扫描电镜分析和 X 射线衍射分析，以期了解气化产物和热解炭的组分及物性。

6.1　试验材料和仪器设备

6.1.1　试验材料

1. 生物油分析

(1)生物油：S-23 和 A-41 快速热解生物油。

(2)硅胶：吸附材料，分析纯，将所用的层析硅胶于干燥箱 105℃温度下活化 4 h，活化后密封存放于干燥器中备用。

(3)氧化铝：吸附材料，分析纯，层析氧化铝粉末于马弗炉中 400℃下活化 4 h，活化所得材料密封存放于干燥器中备用。

(4)其他试剂包括：四氢呋喃、环己烷、甲苯和乙醇，它们都为分析纯级。

2. 热解气体和不凝结气体分析

S-23 和 A-41 的热解气体和不凝结气体。

3. 热解炭

S-23 及 A-41 热解炭。

6.1.2　仪器设备

1. 傅里叶变换红外光谱(FTIR)

德国产 Brvker Tensor27 型傅里叶变换红外光谱仪见图 6-1。将沥青质均匀涂到 KBr 晶片上进行红外光谱扫描，扫描次数 32，分辨率 4 cm^{-1}，扫描范围 400～4000 cm^{-1}。

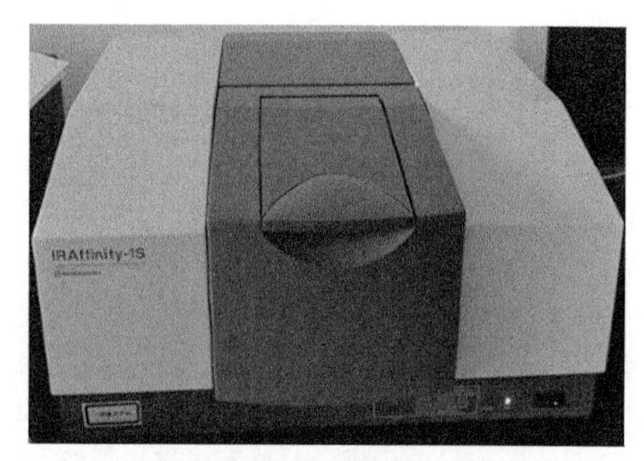

图 6-1　傅里叶变换红外光谱仪

2. 气相色谱-质谱(GC-MS)联用仪

美国产 GC-MS 联用仪(Trace GC-Voyager)。

生物油成本和含量测试的基本参数为：①GC 条件。色谱柱选用 DB-560 m × 0.32 mm × 0.5μm 膜厚石英毛细柱，氦气为载气，气化器工作温度 280℃，分流比 16∶1.2，进样量 1μL。②MS 条件。电离方式 EI，电子轰击能量 70 eV，充电倍增管电压 500V，扫描质量范围 50～500 u，扫描时间 1 s。采用的升温程序是 40℃保持 3 min，再以 6℃/min 的升温速率升高到 270℃，保持 5 min。

色谱分析中组分的定性通过谱库检索得到，而定量采用归一化方法，得出各个峰(成分)的相对含量(以%为单位)，表达该组分在其组分之中的相对比重。

在进行气体样品测试时，需要使用 TCT。被测气体吸附到具有吸附剂(Tenax-GR)的吸附管中，吸附管在气相色谱仪上被加热到 260℃，再通入氦气热脱附 10 min 后，把吸附到吸附管上的被测气体吹扫到冷阱(−100℃)中，冷阱快速加热到 260℃，进样。

由于生物油成分多达几百种，并且非常复杂，包含烷烃、芳香烃、脂肪类和杂环结构，而且高含氧量决定了生物油中几乎含有全部含氧化学官能团，如酚基、甲氧基、羰基和羟基等。如果单纯直接利用 GC-MS 分析生物油成分，将会出现较大误差。另外 GC-MS 也不能对大分子的沥青质进行分析。为了提高 GC-MS 分析生物油成分的精确性，在进行 GC-MS 分析之前，要对生物油进行柱层析分离，目的是将生物油分成几种族分，然后对每种族分进行 GC-MS 分析。

在进行柱层析之前，首先要对生物油样品进行预处理。通过蒸发、抽提将生物油中的水分、炭和沥青质分离出去，以利于提高柱层析的效果。(这里将除去水分、炭和沥青质的生物油称为脱水油。）

以硅胶和氧化铝为吸附材料，根据不同类型有机物质同吸附剂之间吸附性能及各种淋洗液极性的不同，依次利用环己烷、甲苯、乙醇将经过预处理的生物油样品(脱水油)分离为环己烷洗脱馏分、甲苯洗脱馏分和乙醇洗脱馏分三个馏分，然后对各个馏分进行 GC-MS 分析。

对沥青质采用 FTIR 分析。

3. 场发射扫描电镜

荷兰制造的场发射扫描电镜见图 6-2，型号：XL30SFEG，制造商：FEI。技术指标：10 kV 加速电压下分辨率 1.5 nm，1 kV 下分辨率 2.5 nm，EDAX 能谱分辨率 136 eV。

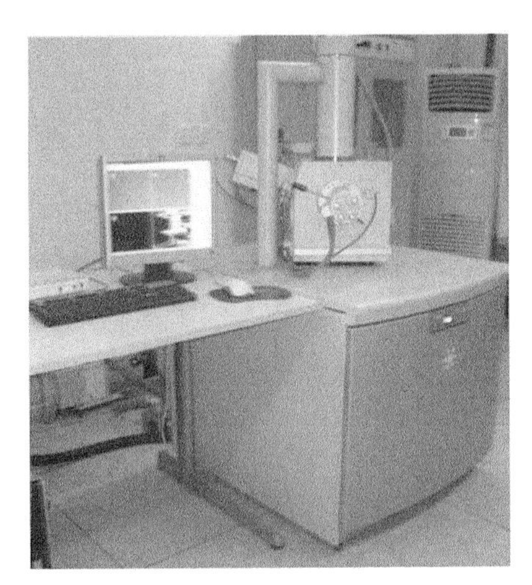

图 6-2　场发射扫描电镜

6.2　GM 杨树快速热解生物油分析

6.2.1　生物油分析简介

快速热解所得到的热解液通常称为生物油(bio-oil，bio-crude)或热解油(pyrolysis oil)。生物油是高含氧量、棕黑色、低黏度且具有强烈刺激性气味的复杂流体，含有一定的水分和微量固体炭。生物油的理化特性对生物油储存和运输具有重要的参考价值，并直接影响到生物油的应用范围与利用效率。生物油虽然含有与生物质相同的元素，但其化学组成已不同于生物质原料。生物油中有机物种类有数百种，从属于数个化学类别，几乎包括了所有种类的含氧有机物，如醚、酯、醛、酮、酚、有机酸和醇等。为了分析和探讨热解机理和热解工艺，不同热解条件下生物油成分的检测分析显然是必不可少的。生物油成分分析及检测对生物油应用技术的研究具有重要意义。

生物油分析方法主要有：高压液相色谱(HPLC)、核磁共振氢谱(^{1}H NMR)、傅里叶变换红外光谱(FTIR)、气-质联用(GC-MS)、毛细管电泳(CE)。应用这些分析技术或几种分析技术结合，可以鉴定生物油中绝大多数化合物。

长期以来，人们对于生物油成分的分析进行了较多探索。廖洪强等(1998)进行了热解焦油成分分析，采用气-质联用技术分析先锋褐煤在焦炉气气氛下热解油品的组成及其相对含量，主要考察了不同热解压力和升温速率对油品组成的影响，并与相当氢分压下的加氢热解油品分析结果比较。赵起越等(2001)建立了酚焦油中酚类物质质量分数测定的气相色谱法，此法可以在同一色谱条件下对酚焦油中的苯酚及邻、间、对甲酚实现很好的分离，利用外标法分别进行定量分析，并对酚焦油浸取液中相应组分进行测量。王树荣等(2004)进行了生物质热解生物油特性的分析研究，结合色-质联用技术分析了水曲柳热解油的主要组分。王丽红等(2006)进行了玉米秸秆热解生物油特性的研究，他们使用气质联用仪(GC-MS)对生物油进行了组分分析，生物油的主要成分有乙酸、羟基丙酮、水、乙醛、呋喃等。高含水量和含氧量使得生物油热值低，容易发生反应，需要对生物油进行进一步的分析和改性才能用于高端技术，为了克服生物质快速热解生物油的性能缺陷，探讨通过基因改良生物质原料达到改善生物质快速热解油性能的目的，对基因改良后的具有代表性的 S-23 和 A-41 快速热解油进行成分分析。

6.2.2　S-23 和 A-41 生物油酚类物质相对含量的 GC-MS 分析

对 S-23 和 A-41 快速热解的生物油进行 GC-MS 分析，结果见表 6-1 和图 6-3。

表 6-1　酚类物质及非酚类物质 TIC 峰面积百分比(%)

原料	酚类物质	酸类物质	糖类物质	其他
S-23	39.02	1.30	32.08	27.60
A-41	9.50	0.60	29.60	60.30

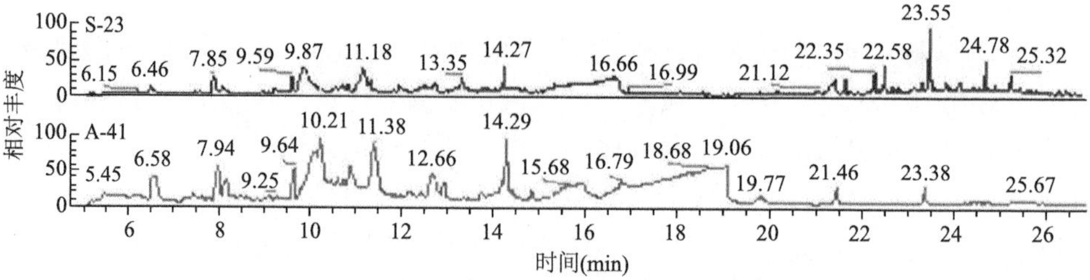

图 6-3　S-23 和 A-41 生物油 TIC 谱图

由总离子流(total ion current，TIC)图(图 6-3)可以看出，S-23 和 A-41 快速热解生物油含有的成分种类区别不大，但是每种成分的相对含量不同。

根据 TIC 图，采用面积归一化定性确定了生物油中各组分的相对含量。为了统计和明确生物油中酚类物质的相对含量，将 S-23 和 A-41 快速热解生物油中的各组分进行了分类，见表 6-1。由表 6-1 看出，S-23 生物油中酚类物质含量远远大于 A-41。

6.2.3　S-23 和 A-41 快速热解生物油成分分析比较

对 S-23 和 A-41 快速热解生物油进行柱层析处理，采用 GC-MS 分析研究不同物料成分变化情况，采用 FTIR 分析研究沥青质成分变化情况。

在进行柱层析之前，首先要对生物油样品进行预处理。通过蒸发、抽提将生物油中的水分、炭和沥青质分离出去，以提高柱层析的效果。

1. 脱水油的 GC-MS 分析

分别将 S-23 和 A-41 快速热解生物油的脱水油进行柱层析分离，然后对环己烷洗脱馏分、甲苯洗脱馏分和乙醇洗脱馏分三个馏分分别进行 GC-MS 分析，结果见表 6-2～表 6-8、图 6-4。表 6-2～表 6-7 中同一物质有不同保留时间的现象，主要是由于进样的时间早或迟。

1) A-41 脱水油 GC-MS 分析

从表 6-2 中可以看出：环己烷洗脱馏分成分主要是烃类和酯，烃类为 43.45%，酯类为 56.04%；从表 6-3 中可以看出：甲苯洗脱馏分主要是芳香类化合物，大约为 83.89%，其中大部分是酚类化合物，以及少量的酯类和烃类化合物；从表 6-4 中可以看出：乙醇洗脱馏分中主要有苯类，其中醇类居多，大约在 34.31%。

表 6-2　A-41 脱水油环己烷洗脱馏分成分

保留时间(min)	中文名	分子式	相对含量(%)
13.9	苯甲醇	C_7H_8O	0.51
18.32	1-十九烯	$C_{19}H_{38}$	1.66
19.67	邻苯二甲酸二异丁酯	$C_{16}H_{22}O_4$	25.20
21.01	邻苯二甲酸二异丁酯	$C_{16}H_{22}O_4$	27.85
21.23	1-十九烯	$C_{19}H_{38}$	11.81
22.96	1-二十二烯	$C_{22}H_{44}$	21.66
24.17	1-二十二烯	$C_{22}H_{44}$	8.32
25.15	邻苯二甲酸二异辛酯	$C_{24}H_{38}O_4$	2.99

表 6-3　A-41 脱水油甲苯洗脱馏分成分

保留时间(min)	中文名	分子式	相对含量(%)
5.05	对二甲苯	C_8H_{10}	6.22
6.87	苯酚	C_6H_6O	13.84
7.98	2-甲基苯酚	C_7H_8O	7.42
8.28	4-甲基苯酚	C_7H_8O	13.48
8.53	2-甲氧基苯酚	$C_7H_8O_2$	6.98
9.41	2,4-二甲基苯酚	$C_8H_{10}O$	7.66
9.72	4-乙基苯酚	$C_8H_{10}O$	7.17
10.07	2-甲氧基-5-甲基苯酚	$C_8H_{10}O_2$	6.52
10.73	2-乙基-5-甲基苯酚	$C_9H_{12}O$	1.37
11.05	4-丙烷基苯酚	$C_9H_{12}O$	0.94
11.32	4-乙基-2-甲氧基苯酚	$C_9H_{12}O_2$	1.20
11.87	2-甲氧基-4-乙烯基苯酚	$C_9H_{10}O_2$	3.17
12.02	3,5-二乙基苯酚	$C_{10}H_{14}O$	2.08
12.5	2-甲氧基-4-丙烯基苯酚	$C_{10}H_{12}O_2$	1.35
13.29	2-甲氧基-4-丙烯基苯酚	$C_{10}H_{12}O_2$	0.57
13.95	2-甲氧基-4 丙烯基苯酚	$C_{10}H_{12}O_2$	3.92
20.64	邻苯二甲酸二异丁基酯	$C_{16}H_{22}O_4$	4.36
21.96	邻苯二甲酸二丁基酯	$C_{16}H_{22}O_4$	2.54
24.59	1-十七醇	$C_{17}H_{36}O$	1.16
25.74	1-二十二烯	$C_{22}H_{44}$	4.26
27.05	1-二十二烯	$C_{22}H_{44}$	1.16

表 6-4　A-41 脱水油乙醇洗脱馏分成分

保留时间(min)	中文名	分子式	相对含量(%)
5.1	乙基环己烷	C_8H_{16}	5.12
5.17	乙基环己烷	C_8H_{16}	8.84
5.19	乙基环己烷	C_8H_{16}	7.40
5.23	1,1,3-三甲基环己烷	C_9H_{18}	1.97

续表

保留时间(min)	中文名	分子式	相对含量(%)
5.43	乙苯	C_8H_{10}	10.03
5.52	对二甲苯	C_8H_{10}	1.56
5.78	1,3-二甲苯	C_8H_{10}	5.95
6.06	羟基丁酸分解产物	C_6H_8O	3.60
6.72	1-甲氧基-1, 3-环戊二烯	C_6H_8O	4.79
7.73	1,3-环已二酮	$C_6H_8O_2$	12.05
8.41	2-丁氧基乙酸乙酯	$C_8H_{16}O_3$	3.68
9.03	3-甲氧基-2-羟基环已二烯	$C_7H_{10}O_2$	0.70
10.25	苯二醇	$C_6H_6O_2$	7.91
11.13	3-甲基-1, 2-苯二醇	$C_7H_8O_2$	5.88
11.58	4-甲基-1, 2-苯二醇	$C_7H_8O_2$	11.77
12.98	4-乙基-苯二醇	$C_8H_{10}O_2$	8.75
21.96	1, 2-苯二甲酸二丁酯	$C_{16}H_{22}O_4$	0.50

2) S-23 脱水油 GC-MS 分析

从表 6-5 中可以看出：环已烷洗脱馏分中主要成分是烃类，其中烃为 67.63%，还有部分酯类，少部分酚类；从表 6-6 中可以看出：甲苯洗脱馏分中主要是芳香类物质，其中酚类物质占多数，大约为 56.19%，其中含量较多的是 2-甲基苯酚；从表 6-7 中可以看出：乙醇洗脱馏分中 16～24C 的酯类物质很多，特别是酞酸二丁酯。

表 6-5　S-23 脱水油环已烷洗脱馏分成分

保留时间(min)	中文名	分子式	相对含量(%)
7.63	2-甲氧基苯酚	$C_7H_8O_2$	0.12
9.15	2-甲氧基-4-甲基苯酚	$C_8H_{10}O_2$	2.59
10.39	4-乙基-2-甲氧基苯酚	$C_9H_{12}O_2$	2.73
13.48	1-十七烯	$C_{17}H_{34}$	4.58
13.95	二叔丁基对甲酚	$C_{15}H_{24}O$	3.68
15.09	1-十八烯	$C_{18}H_{36}$	2.08
16.74	1-十七烯	$C_{17}H_{34}$	2.93
18.39	1-十八烯	$C_{18}H_{36}$	4.12
19.76	邻苯二甲酸二异丁酯	$C_{16}H_{22}O_4$	4.05

续表

保留时间(min)	中文名	分子式	相对含量(%)
20.02	1-十九烯	$C_{19}H_{38}$	3.95
21.34	1-二十三烯	$C_{23}H_{46}$	9.39
22.15	1-十九烯	$C_{19}H_{38}$	4.16
22.26	1-二十二烯	$C_{22}H_{44}$	3.98
23.07	1-十九烯	$C_{19}H_{38}$	21.38
23.43	1-三十七烷醇	$C_{37}H_{76}O$	1.86
23.71	三十二烷	$C_{32}H_{66}$	3.77
24.26	1-二十二烯	$C_{22}H_{44}$	7.29
24.46	二十六碳五烯五醇	$C_{26}H_{44}O_5$	1.77
25.21	邻苯二甲酸二异辛酯	$C_{24}H_{38}O_4$	1.91
25.41	二十二碳五烯酸乙酯	$C_{24}H_{38}O_2$	1.42
25.69	十八醛	$C_{18}H_{36}O$	0.80
25.96	2-丙烯硬脂酸酯	$C_{21}H_{40}O_2$	1.14
26.36	二十四烷酸甲酯	$C_{25}H_{50}O_2$	1.56
26.86	二十二烷酸乙酯	$C_{24}H_{48}O_2$	1.03
27.61	2-丙烯硬脂酸酯	$C_{21}H_{40}O_2$	0.89

表 6-6　S-23 脱水油甲苯洗脱馏分成分

保留时间(min)	中文名	分子式	相对含量(%)
6.04	苯酚	C_6H_6O	8.69
7.08	2-甲基苯酚	C_7H_8O	2.78
7.43	2-甲基苯酚	C_7H_8O	11.58
7.68	对甲氧基苯酚	$C_7H_8O_2$	5.79
8.48	2,4-二甲基苯酚	$C_8H_{10}O$	3.31
8.75	4-乙基苯酚	$C_8H_{10}O$	2.59
9.19	2-甲氧基-4-甲基苯酚	$C_8H_{10}O_2$	8.30
10.4	4-乙基-2-甲氧基苯酚	$C_9H_{12}O_2$	3.25
10.94	2-甲氧基-4-乙烯基苯酚	$C_9H_{10}O_2$	5.54
13	2-甲氧基-4-丙烯基苯酚	$C_{10}H_{12}O_2$	4.36
13.46	1-十七烯	$C_{17}H_{34}$	1.31
13.94	二丁基苯甲醇	$C_{15}H_{24}O$	1.84

续表

保留时间(min)	中文名	分子式	相对含量(%)
15.07	1-十七烯	$C_{17}H_{34}$	0.81
16.72	1-十七烯	$C_{17}H_{34}$	1.51
18.37	1-十九烯	$C_{19}H_{38}$	1.67
19.76	苯二羧酸酯	$C_{16}H_{22}O_4$	5.62
21.3	二十烯	$C_{20}H_{40}$	4.19
21.92	视黄醛	$C_{20}H_{28}O$	2.13
22.43	松香油	$C_{20}H_{30}O$	1.27
23.05	20-甲基二十一(烷)酸	$C_{22}H_{44}O_2$	12.64
24.23	20-甲基二十一(烷)酸	$C_{22}H_{44}O_2$	3.53
24.84	20-甲基二十一(烷)酸	$C_{22}H_{44}O_2$	1.86
25.04	十五烷	$C_{15}H_{30}O$	0.41
26.34	二十四烷酸甲酯	$C_{25}H_{50}O_2$	0.60

表6-7　S-23脱水油乙醇洗脱馏分成分

保留时间(min)	中文名称	分子式	相对含量(%)
6.3	苯酚	C_6H_6O	12.68
6.61	异柠檬酸内酯	$C_6H_6O_6$	2.02
6.83	3-甲酸-2-乙酸丙内酯	$C_6H_6O_6$	0.90
21	酞酸二丁酯	$C_{16}H_{22}O_4$	68.53
24.81	1-二十醇	$C_{20}H_{42}O$	5.00
25.15	邻苯二甲酸二辛酯	$C_{24}H_{38}O_4$	2.06
25.36	二十二烷酸乙酯	$C_{24}H_{48}O_2$	1.58
26.8	二十二烷酸乙酯	$C_{24}H_{48}O_2$	2.15
27.17	二十六碳五烯五醇	$C_{26}H_{44}O_5$	5.08

3)脱水油成分对比

脱水油成分对比:①A-41脱水油中饱和烃多于S-23,芳香类化合物多于S-23,酯类物质少于S-23,可见木质素含量不同,GM杨树生物油的成分有很大的差异。②从表6-8可以看出,A-41脱水油中酚类物质种类很多,其中含量较多的是苯酚、4-甲基苯酚、2,4-二甲基苯酚、2-甲基苯酚和4-乙基苯酚;S-23脱水油中含量较多的是2-甲基苯酚、苯酚和2-甲氧基-4-甲基苯酚。③由环已烷洗脱馏分的总离子流图(图 6-4)分析可知，S-23 脱水油中的成分多于 A-41，但从明显的峰位可知主要成分相同。

表 6-8　不同原料脱水油中的酚类物质相对含量(%)

成分	A-41	S-23
苯酚	13.84	8.69
2-甲基苯酚	7.42	14.36
4-甲基苯酚	13.48	未检测到
2-甲氧基苯酚	6.98	0.12
2,4-二甲基苯酚	7.66	3.31
2-甲氧基-4-甲基苯酚	未检测到	8.30
4-乙基苯酚	7.17	2.59
2-甲氧基-5-甲基苯酚	6.52	未检测到
2-乙基-5-甲基苯酚	1.37	未检测到
4-丙烷基苯酚	0.94	未检测到
4-乙基-2-甲氧基苯酚	1.20	3.25
2-甲氧基-4-乙烯基苯酚	3.17	5.54
3,5-二乙基苯酚	2.08	未检测到
2-甲氧基-4-丙烯基苯酚	5.84	4.36

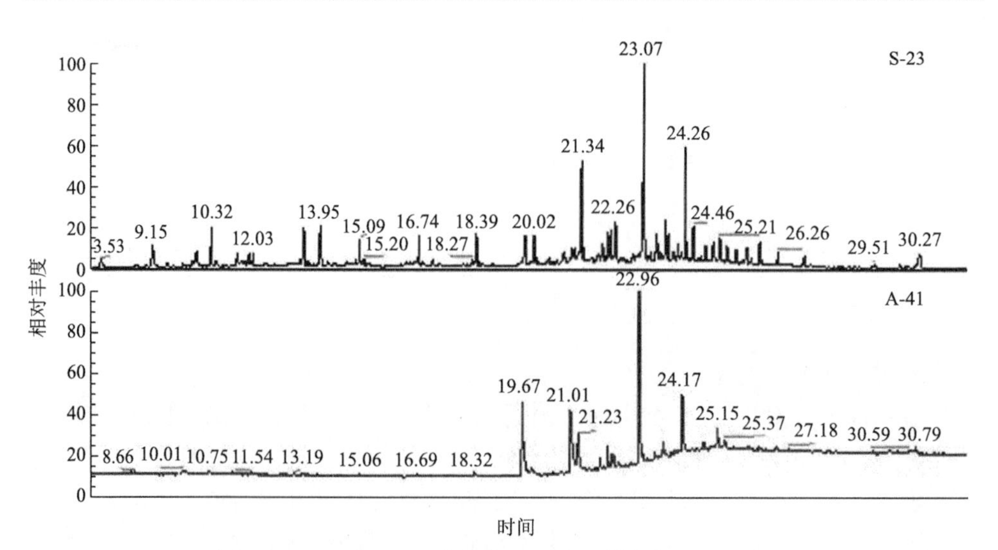

图 6-4　S-23 和 A-41 脱水油环己烷洗脱馏分的 TIC 谱图

2. 生物油沥青质的 FTIR 分析

由于沥青质分子量过大，无法进行 GC-MS 分析，本节采用 FTIR 分析。分析结果见图 6-5 和图 6-6。

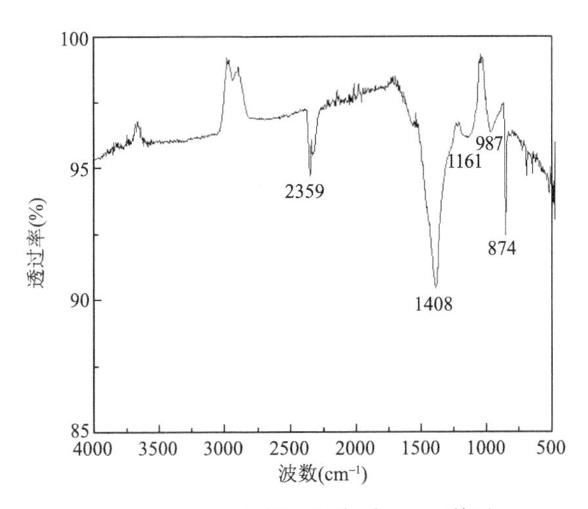

图 6-5　S-23 生物油沥青质 FTIR 谱图

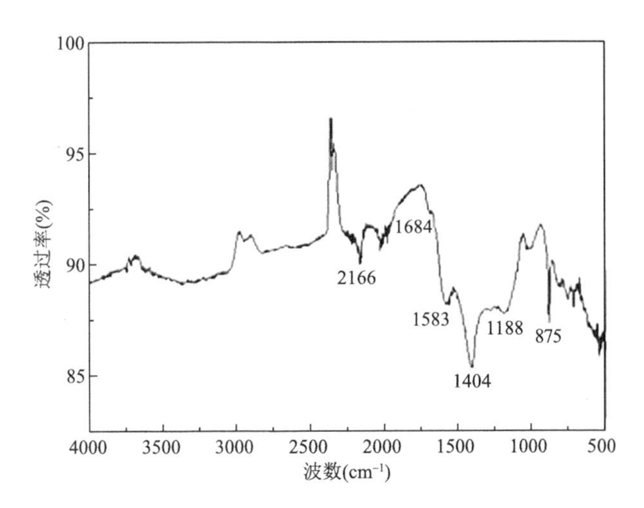

图 6-6　A-41 生物油沥青质 FTIR 谱图

由图 6-5 和图 6-6 可知，波数 3350 cm^{-1} 附近宽而强的吸收峰为羟基—OH 伸缩振动吸收峰，加之 1600 cm^{-1} 和 1514 cm^{-1} 处附近出现了较强的芳环 C═C 伸缩振动吸收峰以及 751 cm^{-1} 处出现的芳环 C—H 面外邻位弯曲振动，说明三种热解油中沥青质有大量芳香族化合物存在；2930 cm^{-1} 附近较强的吸收峰为亚甲基—CH_2

的伸缩振动吸收峰，而 1716 cm^{-1} 附近出现了强而尖锐的羰基 C═O 伸缩振动吸收峰，据此推断可能来自生物油沥青质中大量的醛类或酮类物质；1045 cm^{-1} 附近为羟基的吸收峰；谱图的特征吸收峰表明，各种生物油沥青质的成分非常复杂，而其中包含了众多酚类、醛类以及不饱和碳-碳双键的特征吸收峰。

6.3　GM 杨树快速热解气体和不凝气体 TCT 分析

通过对 S-23 和 A-41 热解气体和不凝气体的 TCT 分析，了解冷凝过程中热解产物的变化情况。

本研究气体采集是在生物质热解过程中现场进行的，在气-固分离器的气态产物的出口处和不可冷凝气体的出口处各安装一支吸附管，采集不同位置处的气体，气-固分离器气体出口处的气体命名为热解气体，不可冷凝气体出口处的气体命名为不凝气体。

本研究原料：S-23 和 A-41。

不同原料热解气体的 TCT 分析见表 6-9～表 6-12。由表 6-9～表 6-12 可知，热解气体成分中主要有一氧化碳、H_2O、丙酮、烯类、苯、烷烃，都是 8 个碳以下的有机物。

表 6-9　A-41 热解不凝气体主要成分

驻留时间(min)	中文名称	分子式	相对含量(%)
3.91/5.26	一氧化碳	CO	24.54
4.4/5.46	水	H_2O	75.46

表 6-10　S-23 热解不凝气体主要成分

驻留时间(min)	中文名称	分子式	相对含量(%)
3.85/5.24	一氧化碳	CO	38.30
4.36	水	H_2O	61.71

表 6-11　A-41 热解气体主要成分

驻留时间(min)	中文名称	分子式	相对含量(%)
3.95	一氧化碳	CO	24.16
4.45	水	H_2O	41.27

续表

驻留时间(min)	中文名称	分子式	相对含量(%)
4.55	乙酸乙酯	$C_4H_8O_2$	3.75
5.27	2-丙酮	C_3H_6O	17.46
5.66	1,3-戊二烯	C_5H_8	0.65
5.86	1-戊烯-3-炔	C_5H_6	1.35
6.11	环戊烯	C_5H_8	0.95
6.23	1,2,3-三甲基-环丙烷	C_6H_{12}	0.69
6.44	2-甲基-2-丙烯醛	C_4H_6O	0.94
6.7	1-乙基-2-甲基-环丙烷	C_6H_{12}	3.59
6.86	3-戊炔-1-烯	C_6H_{12}	2.73
7.03	2-甲基呋喃	C_5H_6O	1.69
7.25	2-甲氧基-3-甲基-1-丁烯	$C_6H_{12}O$	0.15
8.63	苯	C_6H_6	0.62

表 6-12　S-23 热解气体主要成分

驻留时间(min)	中文名称	分子式	相对含量(%)
3.89	一氧化碳	CO	18.21
4.42	水	H_2O	50.21
5.32	丙酮	C_3H_6O	4.92
6.87	己烷	C_6H_{14}	2.52
6.55	2-甲基-2-丙烯醛	C_4H_6O	0.62
6.72	2-己烯	C_6H_{12}	3.06
7.25	3-甲基-4-戊炔	$C_6H_{12}O$	0.53
7.05	己烯	C_6H_{12}	4.36
8.28	甲基-环戊烷	C_6H_{12}	0.50
8.63	苯	C_6H_6	13.43
9.16	环己烷	C_6H_{12}	0.55
9.34	2-庚烯	C_7H_{14}	1.09

A-41 热解气体中含量较多的是一氧化碳、水、丙酮和少量的苯。S-23 热解气

体中含量较多的是一氧化碳、水、苯和少量的丙酮。原料不同，热解气体的主要成分含量不同，A-41 和 S-23 热解气体主要有机成分区别是苯和丙酮，这主要与原料的化学组成有关，S-23 中的木质素含量多，所以热解气体中具有苯环的物质较多。

由图 6-7 看出 A-41 和 S-23 热解气体的 TIC 谱图中出峰的位置基本相同，只是峰面积不同。

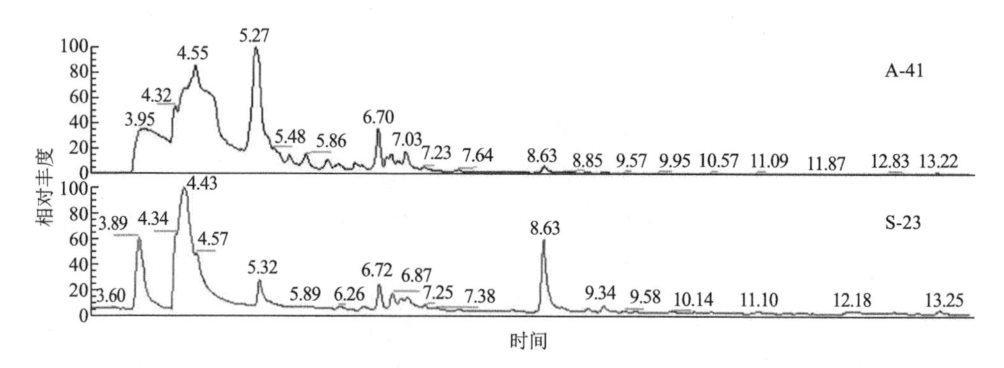

图 6-7 A-41 和 S-23 热解气体的 TIC 谱图

不凝气体中主要是水和一氧化碳，说明热解气体中大部分物质被冷凝下来。

与上述生物油的成分相比较，热解气体中的成分少了很多，其原因主要与 TCT 技术的测试原理有关，大量吸附在吸附管中的热解气体大分子的成分在加热到 260℃时未能被氦气吹扫到冷阱里。

S-23 热解产生的不凝气体中的一氧化碳相对含量为 38.30%，A-41 热解产生的不凝气体中一氧化碳相对含量为 24.54%，从含量来看，A-41 热解产生的不凝气体少，这也从某种程度上再次验证了实木产油率高。

6.4 GM 杨树木材快速热解产物炭的物性分析

为了考察不同木质素含量杨树快速热解炭的结构、结晶化程度，对 S-23 和 A-41 热解炭进行了场发射扫描电镜分析和 X 射线衍射分析。

6.4.1 热解炭场发射扫描电镜分析

热解炭场发射扫描电镜分析结果见图 6-8 和图 6-9。

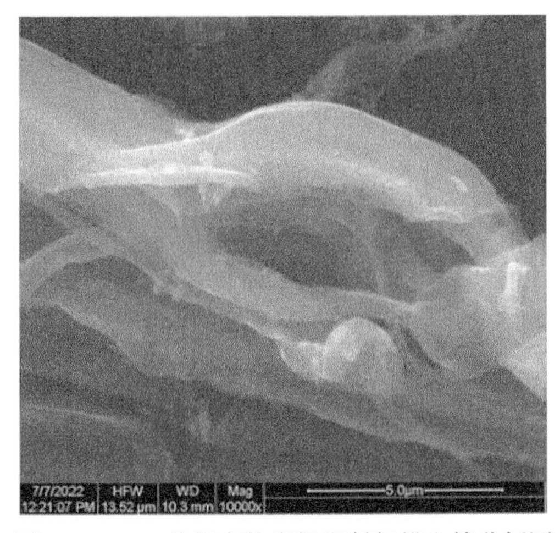

图 6-8　A-41 热解产物炭场发射扫描电镜分析图

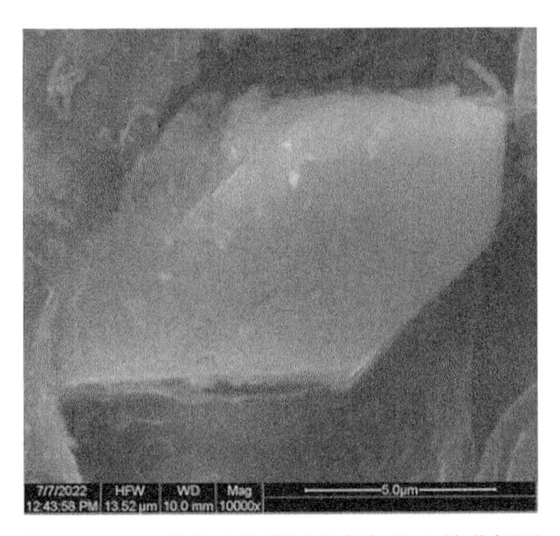

图 6-9　S-23 热解产物炭场发射扫描电镜分析图

从图 6-8 和图 6-9 可以看出，A-41 快速热解炭扫描电镜图像显示出了更高的结晶化程度。图像中炭晶粒颗粒排列紧凑。S-23 快速热解炭图像中炭的晶体颗粒变少，排列紧凑程度下降。

6.4.2　热解炭 X 射线衍射分析

X 射线衍射测试过程中，采用 30 mA 射线管电源，40 kV 倍增电压的 Cu 靶辐射。进样速度为 20 min^{-1}。

热解炭 X 射线衍射分析结果见表 6-13、图 6-10 和图 6-11。

表 6-13 S-23 和 A-41 热解炭 X 射线衍射分析表

试样(炭)	结晶度(%)	2θ(°)	半峰宽
S-23	22.55	25.00	0.44
A-41	9.52	44.05	0.33

由表 6-13 和图 6-10 可知，S-23 热解炭在 25.00°处有很强的峰，为(002)面衍射峰，且峰的强度最高，而在 44.00°处没有峰，说明 S-23 热解炭中存在类似石墨微晶结构。

由表 6-13 和图 6-11 可知，A-41 在 44.05°处有峰，为(100)面衍射峰，半峰宽比 S-23 热解炭的小，说明结晶化程度高于 S-23 热解炭。

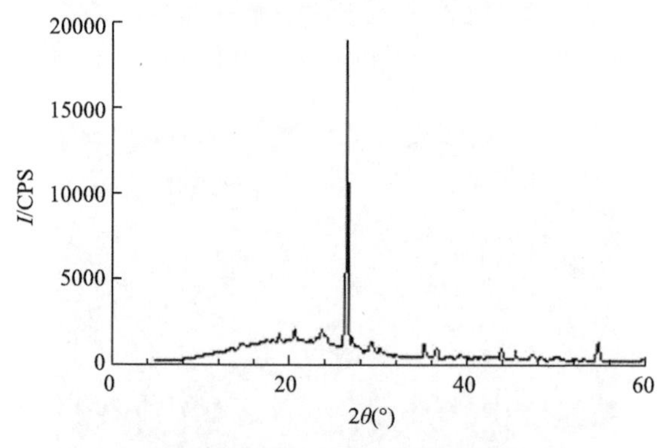

图 6-10 S-23 炭的 XRD 谱图

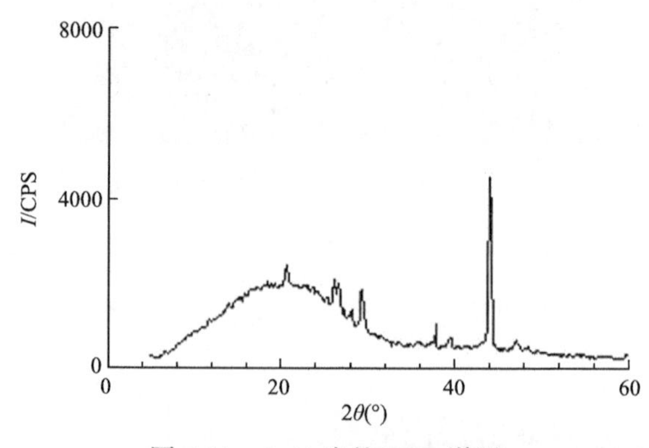

图 6-11 A-41 炭的 XRD 谱图

6.5 本 章 小 结

(1)对 S-23 和 A-41 快速热解生物油进行了 GC-MS 分析，结果表明，S-23 快速热解油酚类物质含量远远大于 A-41。

(2) TCT 分析表明 A-41 热解产生的不凝气体少。

(3) A-41 快速热解脱水油中饱和烃多于 S-23，S-23 脱水油中芳香类化合物多于 A-41，S-23 脱水油中的酯类物质多于 A-41。S-23 脱水油中的成分种类多于 A-41。

(4) A-41 快速热解炭结晶化程度高于 S-23。XRD 出峰在角度 2θ 为 44.02°～44.05°的位置，为(100)面。S-23 快速热解炭在角度 2θ 为 25.00°的位置有衍射峰，为(002)面，而在角度 2θ 为 44.02°～44.05°的位置没有衍射峰。

(5) FTIR 分析表明：S-23 和 A-41 生物油中沥青质含有大量芳香族化合物和醛类或酮类物质。

(6) 场发射扫描电镜分析表明：A-41 快速热解炭具有更高的结晶化程度。

第7章 GM杨木快速热解生物油应用

7.1 生物油-脲醛树脂胶合成

7.1.1 引言

随着化石资源的日趋减少以及人们对使用化石燃料所导致环境问题的日益重视，开发对环境友好的绿色可持续发展能源成为能源开发领域的热点。生物质因其存量丰富、具有可再生性、廉价易得、无环境污染、生态平衡好等优点而受到青睐。

快速热解生物油含有大量的酚类物质，可以与尿素、甲醛三元共缩聚合成生物油-脲醛树脂胶，生物油来源于生物质，生物油的加入不仅使对石油下游能源产品的供应缓解，对于脲醛树脂胶也具有环保意义。本研究旨在采用S-23快速热解的生物油、尿素、甲醛三元共缩聚合成脲醛树脂胶，尽可能地增加生物油的添加量。

7.1.2 国内外的研究概况

1. 生物油简介

生物质热裂解生物油是生物质在隔绝空气的条件下，快速加热裂解，裂解蒸气经快速冷却制得的棕褐色液体产物。目前生物油的主要利用途径有生物发酵法、化学水解法和热化学转化法等。根据热解条件不同，热化学转化法又分为传统热解、慢速热解、快速裂解、高压液化。快速热裂解液化技术因其设备简单、投资少而特别适用于来源分散和季节性强的生物质，因而被认为是最具有潜力的生物质利用技术之一。生物油是生物质在无氧或缺氧、中等裂解温度（500～600℃）、高的升温速率（1000℃/s）、骤速冷凝的条件下快速热裂解的液化产物。其原料来源丰富，可以是木材、秸秆，也可以是植物油或动物油脂。

对生物油的物化特性和可能组成成分进行分析，发现生物油所含碳、氢比例比较大，且有一定的热值，可以进行燃烧；另外，生物油中含有大量有机化合物，其数量可达数百种，可以提炼出有用的化学品。到目前为止，人们已经在生物油中发现300多种化合物，主要是木质素、纤维素和半纤维素的热解衍生物，富集的主要有乙酸、丙酮、左旋葡聚糖、羟基乙醛和羟基丙酮。现在人们正在研究如何回收和利用这些化学物质。木质素的热解物也称天然树脂，苯酚甲醛树脂和尿素甲醛树脂在天然树脂中占 60%。对天然树脂进行精制，发现生物基合成树脂与商业树脂性能相似。因此，生物油是替代价格较高的尿素制备 UF 胶黏剂的潜在优质原料。

2. 生物油的性质及其影响因素

与石油燃油相比，生物油具有含氧量高、含水量大、黏度大、酸性强、热值低、热稳定性差等特性。生物油的物理化学性质显示了其在商业上的应用潜力，已引起了国内外的广泛关注。

生物油是高含氧量的有机混合物，含有大量的水、酚类、酯类、酮类、醛类、呋喃类、酸类、醇类等，含氧量一般达 35%～60%，这是导致生物油热值低的根本原因。生物油的高含氧量主要是由所采用的生物质原料中的氧含量决定的。此外，裂解条件直接影响着生物油的含氧量。

生物油中水分含量高，占 15%～30%。高的含水量一方面降低了生物油的黏度，增强了流动性，另一方面也降低了生物油的热值。由于生物油的极性较强，生物油的有机成分易与水发生乳化作用，导致生物油中的水可以较稳定地存在而不分相，但过高的含水量则会引起生物油分层。生物油的含水量一方面取决于生物质原料的干燥程度，另一方面也受到热裂解条件、操作方式、储存过程中生物油内部的脱水反应等因素的影响。

生物油具有较高的黏度，并随着含水量和水不溶物含量的变化而变化。含水量高，黏度小；水不溶物多，黏度大。添加合适的溶剂，如甲醇、乙醇等，可以降低生物油的黏度。此外，在储存过程中由于内部的聚合、缩合反应，生物油的黏度也会随之变化。

生物油的腐蚀性主要是由于生物油中含有大量的甲酸、乙酸、丙酸等有机酸，因而 pH 值一般在 2.5～4。不同的原料、裂解条件所得的生物油中酸含量不同，其酸性强弱也不同。较强的腐蚀性阻碍了生物油在现有内燃机上的直接应用。通过酯化反应可以降低生物油中的酸含量，进而降低其腐蚀性。

生物油密度一般在 1200 kg/m^3 左右，热裂解油密度不是稳定的，随着热裂解条件和存放时间不同而变化。随着储存时间增加，热裂解油密度不断增加，这是由于热裂解油中的成分通过聚合反应生成摩尔质量更大的分子。

作为潜在的石油产品的理想替代品，通过生物油精制处理有望代替石油运输燃油，缓解对化石能源的依赖性。更重要的是，通过生物油的分离与精制有望从中提取重要的高附加值的精细化工产品。然而，由于生物油的成分十分复杂，且在储存和受热条件下易于发生聚合、缩合、增稠、胶状化和炭化等变化，生物油的分离研究还有很长的路要走。从已有的研究报道来看，常减压蒸馏主要用于生物油的粗分，且容易受到生物油热敏性的限制；溶剂萃取存在着萃取剂与被萃组分分离困难的缺点，且萃取选择性较差；色谱分离可以高效地将生物油的主要成分分离出来，但吸附量小，难以适用于大规模工业生产；膜分离和超临界萃取在生物油的分离方面具有潜在的应用前景。

3. 生物油-脲醛树脂胶简介及国内外研究现状

生物油含有大量的酚类物质，可以与尿素、甲醛三元共缩聚合成生物油-脲醛树脂胶。由于生物油的价格比尿素低且对环境的污染小，因此生物油替代尿素合成生物油-脲醛树脂胶能够降低其成本和提高其环保性能。

目前，国内外对生物油-酚醛树脂胶黏剂的研究已取得了一定的成果，但是对生物油-脲醛树脂胶黏剂的研究较少。生物油-酚醛树脂胶黏剂研究的成果及苯酚改性脲醛树脂的研究为生物油-脲醛树脂胶黏剂的研究奠定了一定的基础。

4. 脲醛树脂的研究概况

脲醛(urea formaldehyde，UF)树脂占人造板工业中所用合成树脂胶总量的65%～75%，其原料丰富、价格低廉，对木质纤维素有优良的黏附力，具有优良的内聚强度，制成的人造板[胶合板、细木工板、刨花板、中密度纤维板(medium density fiberboard，MDF)等]有一定的耐水胶合强度，处理和应用容易。但是，脲醛树脂存在耐水性差、储存期短、易水解、不稳定等缺点，尤其是由其制造的人造板甲醛释放量大。因此，国内外都在对脲醛树脂进行改性研究。

脲醛树脂胶黏剂的改性主要集中在降低人造板甲醛释放量，改进脲醛树脂的耐水性和耐老化性，降低脲醛树脂胶成本等方面。

降低人造板甲醛释放量的最有效手段就是降低甲醛与尿素的摩尔比(F/U)，研究表明，随着F/U从1.60到1.05，板材的甲醛释放量可从90 mg(以100 g板材计)降到10 mg以下。严格控制合成工艺条件，使用甲醛捕集剂，控制人造板制板工艺及人造板后处理也是常用的降低人造板游离甲醛含量的方法。

采用三聚氰胺改进UF树脂的耐水性是最常用的有效方法。三聚氰胺具有6个活性基团，促进了UF树脂的交联，形成三维网状结构，同时封闭了许多吸水性基团，大大提高了UF树脂的耐水性。

王蕾等(2006)使用苯酚对脲醛树脂进行改性。在脲醛树脂的反应前期加入苯酚进行共聚，加入的苯酚在树脂中引入了苯环，使得亲水性基团羟甲基含量有降低趋势，提高了树脂的耐水性能和耐老化性能，降低了树脂使用过程中甲醛的释放量，延长了储存期，且有着良好的耐候性，可用作室外特种纸的加工材料。

此外，为改变脲醛树脂物理化学性能，常常加入一些其他助剂。常用的助剂有填充剂、发泡剂、甲醛捕集剂、防老剂、耐水剂、增黏剂等。加入适当的助剂不仅可以明显地降低甲醛含量，还可以改善胶黏剂的其他性能，如增加固体含量、黏度和初黏性，减少胶液固化时产生的内应力，改善胶层脆性，提高耐老化性能等(王蕾等，2006)。

今后脲醛树脂的发展方向仍然是开发和推广游离甲醛含量低、胶接制品甲醛释放量低的产品，提高其耐水性能和耐老化性能。随着各种新方法、新思路、新技术的提出及应用，脲醛树脂胶黏剂存在的各种问题将会逐步得到解决。

5. 苯酚改性脲醛树脂的研究概况

脲醛树脂是由尿素和甲醛为主要原料合成的热固性树脂，它是氨基树脂的一种，也是最古老的合成树脂之一，早在二十世纪二十年代就开始工业化生产，但是由于其机械强度、耐水性、耐热性等都不够理想，加之各种性能优良的合成热固性树脂相继涌现，脲醛树脂的应用受到了很大的局限，但脲醛树脂原料成本较低，仍是人造板工业使用较多的树脂之一。目前人造板工业主要使用脲醛、三聚氰胺改性脲醛、三聚氰胺甲醛、酚醛和聚乙酸乙烯乳胶等。脲醛、三聚氰胺改性脲醛、聚乙酸乙烯乳胶耐水性及耐热性较差，游离甲醛含量高，储存期短，在纤维板加工中容易提前产生表面固化层等缺点。酚醛树脂和三聚氰胺甲醛树脂虽然有较好的耐水性和耐热性，树脂的游离醛含量也较低，但树脂的原料成本较高，为此国内外也在研究使用苯酚改性脲醛树脂，并取得了一定的成果。

7.1.3　试验材料与研究方法

1. 合成原理

生物油中含有大量的酚类物质，使用快速热解生物油与尿素、甲醛三元共缩聚合成生物油-脲醛树脂胶。合成原理主要分为两阶段：第一阶段是加成阶段，即在弱碱性条件下，尿素与乙二醇进行亲核加成反应，生成稳定的一羟基脲或二羟基脲：

$$H_2N—CO—NH_2 + HO—CH_2—OH = H_2N—CO—NHCH_2OH + H_2O$$

$$H_2N—CO—NHCH_2OH + HO—CH_2—OH = HOCH_2NH—CO—NHCH_2OH + H_2O$$

苯酚与甲醛进行加成反应生成多种羟甲酚等缩聚中间体：

$$C_6H_5—OH + CH_2O = HO—C_6H_4—CH_2OH \text{（一羟甲酚）}$$

$$C_6H_5—OH + nCH_2O = HO—C_6H_{5-n}—(CH_2OH)_n \text{（多羟甲酚）}$$

第二阶段为缩聚反应即树脂化反应，在酸性条件下羟甲基与氮原子上的活泼氢可进行缩聚反应。由于一羟甲脲中的羟甲基比二羟甲脲中的羟甲基活泼，而尿素中的—NH_2 基团要比一羟甲脲中的—NH_2 基团活性大，所以这些分子间的缩聚反应主要包括如下反应。

一羟甲脲与尿素的缩聚反应：

$$H_2N—CO—NH_2 + H_2N—CO—NHCH_2OH =\!=\!= H_2N—CO—NHCH_2NHCONH_2 + H_2O$$

一羟甲脲与一羟甲脲的缩聚反应：

$$H_2N—CO—NHCH_2OH + H_2N—CO—NHCH_2OH =\!=\!= H_2N—CO—NHCH_2HN—CO—NHCH_2OH + H_2O$$

酚醇与尿素的缩聚反应：

$$HO—C_6H_3—(CH_2OH)_2 + H_2N—CO—NH_2 =\!=\!= HO—C_6H_3—(CH_2OH)CH_2NHCONH_2 + H_2O$$

酚醇与一羟甲脲的缩聚反应：

$$HO—C_6H_3—(CH_2OH)_2 + H_2N—CO—NHCH_2OH =\!=\!= HO—C_6H_3—CH_2NHCONHCH_2OH + H_2O$$

最终生成带有苯环的脲醛树脂。

2. 主要仪器设备及原料

试验中使用的主要仪器设备见表 7-1。

表 7-1　主要仪器设备

仪器设备名称	型号	生产厂家
台式循环水式真空泵	SHZ-D(Ⅲ)	上海鹏奕仪器有限公司
旋转蒸发仪	RE-5C	上海鹏奕仪器有限公司
电热恒温水浴锅	HH-1	金坛市富华仪器有限公司
电动搅拌器	—	金坛市富华仪器有限公司
酸度计	PHS-25C	上海康仪仪器有限公司
分析天平	TG328A	上海天平仪器厂
电子秤	TD21001	余姚市金诺天平仪器有限公司
单层试验热压机	QD061	上海人造板机器厂有限公司
人造板万能试验机	MNS-10B	济南鑫光试验机制造有限公司
干燥箱	DHG-9075A	上海一恒科技有限公司

试验中使用的主要原料见表 7-2。

表 7-2　主要试验原料

原料名称	分子式	级别	来源
S-23 热解生物油	—	试验品	自制
甲醛	CH_2O	工业品	长春海特化工有限责任公司
尿素	H_2NCONH_2	工业品	北京化学工业集团有限责任公司有机化工厂
氢氧化钠	NaOH	工业品	北京化工厂有限责任公司
甲酸	HCOOH	工业品	辽阳市北方纺织印染材料厂
面粉	—	工业品	天津市北方天医化学试剂厂

3. 生物油的预处理

试验前高温裂解的生物油水分含量大，固体含量较低，黏度小，不利于生物油-脲醛树脂的合成，故不能直接用于生物油-脲醛树脂的合成。试验前使用真空旋蒸法除去生物油中的水分，增大其固体含量，试验时在负压 0.8MPa 左右 60℃条件处理 2～3 h，生物油的固体含量从 20%上升到 80%，增大其黏度，从而减小了生物油对胶黏剂合成的影响，有利于树脂的合成。另外，试验时对生物油进行碱活化能提高生物油的活性，即在碱性条件下加热至 100℃处理 0.5 h。

4. 生物油-脲醛树脂合成的具体工艺

(1)将一定比例的生物油、氢氧化钠溶液(40%)加入到三口烧瓶，搅拌均匀并加热至 100℃，恒温反应 0.5 h。

(2)降温至 90℃,向三口烧瓶中加入甲醛,用氢氧化钠溶液调节 pH 至碱性(pH 在 9.0 以上)，反应 40 min。

(3)用氢氧化钠溶液调节 pH=7.8～8.2，第一次加入尿素，并保温 30 min。

(4)用甲酸溶液(22%)调节 pH=5.2～5.4，在 88～92℃下保温 30 min。

(5)再用甲酸溶液调节 pH=4.7～4.9，反应 30 min 后，在 30℃条件下不断测黏度至涂四杯黏度 17 s。

(6)第二次加入尿素，调节 pH=4.9～5.1，在温度 85～87℃下反应至黏度达到 23～25 s/30℃。

(7)用氢氧化钠溶液调节 pH=7.5～8.0，并降温至 80℃，第三次加入尿素，然后在 65℃保持 30 min。

(8)冷却并调节 pH=7.0～7.6，在 35℃以下放料。

5. 生物油替代率的单因素分析

为了确定生物油替代率的大致范围，需要对其进行单因素分析，即在其他条件不变的前提下，改变生物油替代率，检测试验合成的生物油-脲醛树脂胶黏剂的胶合强度及甲醛释放量，以确定生物油替代率的大致范围。单因素分析的试验方案见表 7-3，试验的检测结果见表 7-4。

表 7-3　单因素分析的试验方案

试验编号	生物油替代率	甲醛与尿素的摩尔比 F/U	生物油与甲醛反应时的 pH
1	10%	1.4	9
2	20%	1.4	9
3	30%	1.4	9

表 7-4　试验的检测结果

试验编号	湿胶合强度(MPa)	甲醛释放量(mg/L)
1	1.49	1.21
2	1.23	1.16
3	0.84	1.77

由检测结果可知，生物油替代率在 20%左右时，生物油-脲醛树脂胶黏剂的胶合强度、甲醛释放量达到国家标准且生物油替代率较大。

6. 正交试验设计

采用正交试验的设计方法，研究了生物油替代率(*T*)、甲醛与尿素的摩尔比 F/U 及生物油与甲醛反应时的 pH(即选用 *T*、F/U 以及 pH 为试验因子)对胶黏剂主要性能的影响(表 7-5)。采用尿素 3 次投料的方法进行生物油-脲醛树脂胶黏剂的合成。正交试验表见表 7-6。

表 7-5　正交试验因素及水平表

水平	因素		
	T(%)	甲醛与尿素的摩尔比 F/U	生物油与甲醛反应时的 pH
1	15	1.3	9
2	20	1.4	10
3	25	1.5	11

表 7-6　正交试验表

试验序号	因素		
	T(%)	甲醛与尿素的摩尔比 F/U	生物油与甲醛反应时的 pH
1	15	1.3	9
2	15	1.4	10
3	15	1.5	11
4	20	1.3	11
5	20	1.4	9
6	20	1.5	10
7	25	1.3	10
8	25	1.4	11
9	25	1.5	9

7. 胶合板胶接性能的检测

单板材料：杨木旋切单板，厚度：1.5 mm，幅面 300 mm × 300 mm，含水率 8%～10%。

涂胶及压板：将生物油-脲醛树脂胶黏剂、面粉混合均匀，直到所混合的胶黏剂用刷子蘸起后不会流挂、流淌，达到合适的涂刷黏度，再分别涂在杨木单板两面作为芯板，涂胶量为 30 g 左右。然后置于热压机中，以 0.8MPa 的单位压力，于 120℃的温度下进行热压，热压时间：1 min/mm。

胶合后的试件按图 7-1 形状和尺寸制作，注意长度方向与纤维方向相平行。如此制作 10 个试件，分别测量其胶接面的长度和宽度。

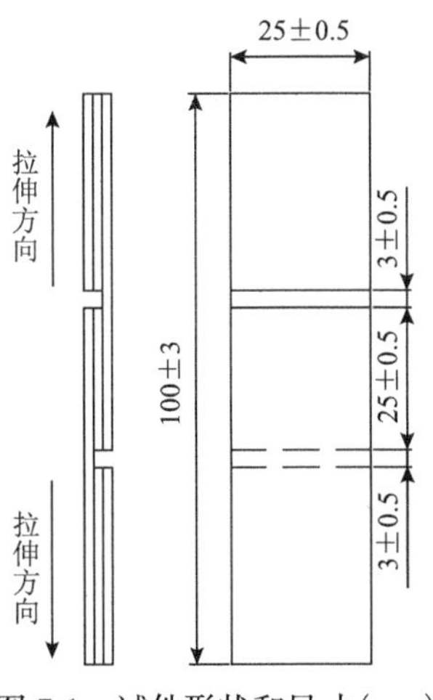

图 7-1　试件形状和尺寸(mm)

检测试件锯制及检测方法根据国家标准 GB/T 9846—2015 进行。

试件处理：将试件浸入 60℃水中 3 h，试件浸渍时应将试件全部浸入热水中。取出后置于室温水中冷却 10 min 后立即进行测试。进行胶合强度试验时，力学试验机应夹住试片的两端，使其呈一条直线，测定其破坏时的最大负荷。

胶合强度按下式计算：

$$X = \frac{P_{\max}}{b \times l} \tag{7-1}$$

式中：X 为试件胶合强度，MPa；$P_{\max}$ 为最大破坏载荷，N；b 为试件剪断面宽度，mm；l 为试件剪断面长度，mm。

对检测结果进行数据处理与分析。

8. 甲醛释放量的测定

甲醛释放量试件：锯制长为 150 mm、宽为 50 mm 的长方形试件，试件长、宽尺寸误差不得超过±1 mm。

干燥器法（9～11L）：参照国家标准 GB/T 17657—2013 进行检测。

1）甲醛收集

在直径为 240 mm 的干燥器底部放置直径为 120 mm 高度为 60 mm 的结晶皿，在结晶皿内加入 300 mL 蒸馏水。在干燥器上放置金属架，金属架上固定试件，试件之间互不接触。测定装置在（20±2）℃下放置 24 h，蒸馏水吸收试件中释放的甲醛，此溶液作为待测液。

2）甲醛释放量测定

准确吸取 25 mL 甲醛溶液到 100 mL 带塞三角烧瓶中，并量取 25 mL 乙酰丙酮-乙酸铵溶液，塞上瓶塞，摇匀，再放到（65±2）℃的恒温水浴中加热 10 min，把这种黄绿色的溶液静置暗处，20℃存放（60±5）min，使用紫外分光光度计，检测波长 412 nm，以蒸馏水作为对比溶液，调零。用厚度为 0.5 cm 的比色皿测定待测液的吸光度 A_s。同时用蒸馏水代替待测液做空白试验，确定空白值 A_b。

3）甲醛释放量计算

甲醛释放量按下式计算：

$$C = f \times (A_s - A_b) \tag{7-2}$$

式中：C 为甲醛释放量，mg/L；f 为标准曲线斜率，mg/L；A_s 为待测液的吸光度；A_b 为蒸馏水的吸光度。

9. 固体含量的测定

取一个玻璃皿，用水洗净，放入干燥箱内进行烘干。烘干好了以后取出，把事先调好的分析天平清零，然后把玻璃皿放在千分之一的分析天平上称重，记下玻璃皿的质量，然后清零；用胶头滴管取生物油-脲醛树脂胶黏剂，一滴一滴地滴在玻璃皿上，当到一定数值时，记下生物油-脲醛树脂胶黏剂与玻璃皿的质量，然后将玻璃皿放入恒定温度的干燥箱内进行烘干，烘干温度控制在 120℃左右，烘干 3 h 左右，取出放入干燥器中，冷却一段时间(20 min)取出，再放在分析天平上称重，记下数值。

计算公式为

$$\text{固含量}(\%) = \frac{\text{烘干后的乳液与玻璃皿的质量} - \text{玻璃皿的质量}}{\text{烘干前乳液的质量}} \tag{7-3}$$

7.1.4　试验结果及处理

1. 正交试验结果

正交试验表见表 7-7。极差分析结果见表 7-8。

表 7-7　正交试验表试验结果

试验序号	因素			检测结果		
	T(%)	甲醛与尿素的摩尔比 F/U	生物油与甲醛反应时的 pH	湿胶合强度(MPa)	甲醛释放量(mg/L)	固体含量(%)
1	15	1.3	9	1.27	1.04	53.4
2	15	1.4	10	1.39	1.11	55.6
3	15	1.5	11	1.46	1.20	55.3
4	20	1.3	11	1.17	1.28	51.5
5	20	1.4	9	1.22	1.33	52.7
6	20	1.5	10	1.30	1.37	52.1
7	25	1.3	10	0.98	1.45	49.4
8	25	1.4	11	1.11	1.50	50.2
9	25	1.5	9	1.04	1.58	48.3

表 7-8　极差分析结果

试验指标	水平	T(%) (A)	F/U (B)	pH (C)
胶合强度(MPa)	k1	1.36	1.14	1.18
	k2	1.23	1.24	1.22
	k3	1.04	1.27	1.23
	极差 R	0.32	0.13	0.05
	因素主次：A→B→C			

续表

试验指标	水平	T(%) (A)	F/U (B)	pH (C)
甲醛释放量(mg/L)	k1	1.12	1.26	1.31
	k2	1.33	1.31	1.31
	k3	1.51	1.38	1.32
	极差 R	0.39	0.12	0.01
	因素主次：A→B→C			
固体含量(%)	k1	54.43	51.43	51.47
	k2	52.14	52.83	52.37
	k3	49.32	51.57	52.00
	极差 R	5.11	1.4	0.47
	因素主次：A→B→C			

各因素对胶黏剂性能的影响见图 7-2～图 7-4。

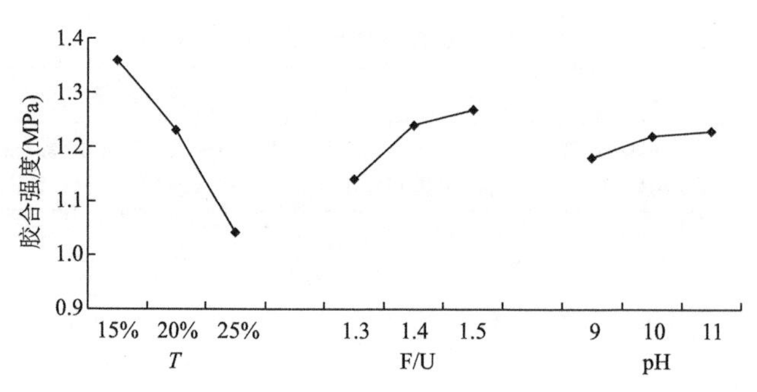

图 7-2　各因素对胶合强度影响

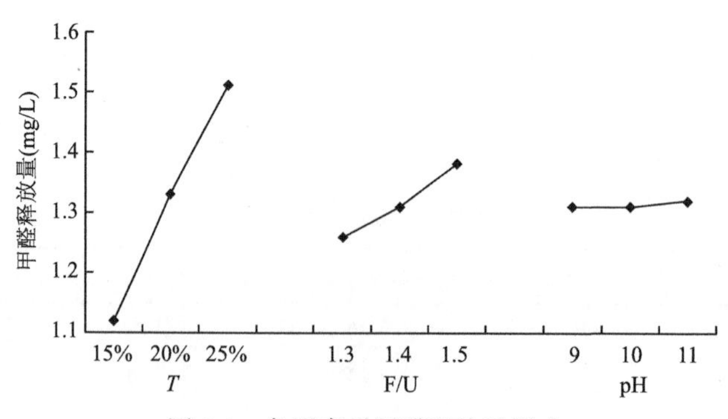

图 7-3　各因素对甲醛释放量影响

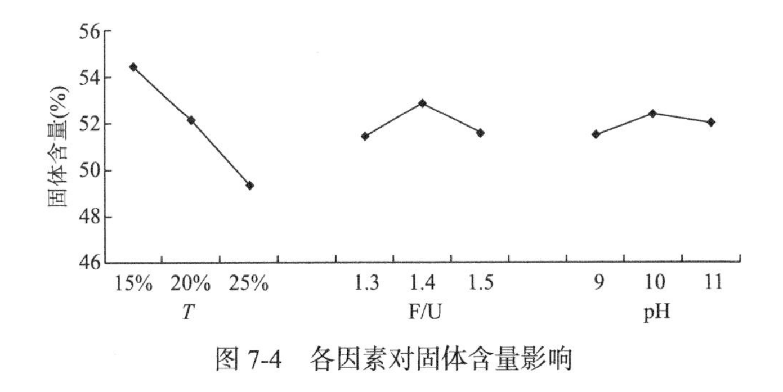

图 7-4　各因素对固体含量影响

2. 优化方案的确定

由表 7-8 的极差分析结果及图 7-2～图 7-4 各因素对胶黏剂性能影响的走势可知，正交试验各因素对胶黏剂的性能影响最大的是生物油替代率，其次是甲醛和尿素的摩尔比 F/U，最后是生物油与甲醛反应时的 pH。综合考虑因素及成本，故各种因素最佳搭配是 A2B3C2，即生物油替代率取 20%，甲醛和尿素的摩尔比 F/U 取 1.5，生物油与甲醛反应时的 pH 取 10 时，合成的胶黏剂的各项指标满足国家标准，且降低成本的效果最佳。

7.1.5　结果与分析

1. 合成工艺对胶黏剂胶合强度的影响

从表 7-8 的分析结果可知，T 是影响胶合强度的最主要因素，其次是甲醛与尿素的摩尔比，最后是生物油与甲醛反应时的 pH。由图 7-2 可得，在各因素变化范围内，胶合强度随着生物油替代率的增加而显著减小，这是因为生物油的活性较低且含有不参与反应的物质，反应不充分，胶合强度下降。在一定摩尔比范围内，其胶合强度随着摩尔比的增大而增大，原因是摩尔比增大，有利于一羟甲脲和二羟甲脲形成，尤其是二羟甲脲的形成。缩聚时，树脂中羟甲基含量上升，固化后的胶层交联密度上升，形成交联结构，以确保胶层具有足够的内聚力，因此胶合强度增大。随着 pH 的增大，胶合强度增大，但增大的趋势变缓，这可能是在一定范围内，pH 的增大使催化作用加强，碱活化效果明显，从而有助于树脂的合成，但当 pH 达到一定值时，碱的催化作用达到最大，再增大 pH 也不会增大催化作用，故胶合强度也不会再增大。

2. 合成工艺对胶黏剂甲醛释放量的影响

由表 7-7 可知，各种合成工艺的胶黏剂压成的胶合板甲醛释放量绝大部分均满足国标 E1 级标准。从表 7-8 的分析结果可知，T 是影响甲醛释放量的最主要因素，其次是甲醛与尿素的摩尔比，最后是生物油与甲醛反应时的 pH。由图 7-3 可知，在各因素变化范围内，随着 T 的增加，胶合板的甲醛释放量显著增加，这是由于生物油的总体活性要弱于尿素，消耗甲醛的能力比尿素弱，在相同的条件下，T 增加必然会导致合成的生物油-脲醛树脂胶黏剂中游离甲醛含量增加，从而使压制的胶合板中甲醛释放量上升。随着甲醛与尿素的摩尔比增大，甲醛释放量呈上升的趋势。这是因为摩尔比增大，加入的尿素就相对减少，反应剩余的甲醛增多。生物油与甲醛反应时的 pH 对甲醛释放量影响较小，pH 增大到一定程度时，碱的催化作用已经达到最大，生物油与甲醛反应的程度不再增加，故甲醛释放量上升。

3. 合成工艺对胶黏剂固体含量的影响

由图 7-4 可知，在各因素的变化范围内，随着 T 升高，固体含量显著下降，这是由于生物油的活性弱于尿素，同样条件下，参加反应的物质减少，从而生成的固体物质的量减少。随着甲醛与尿素的摩尔比增大，固体含量先增大后减小，这是因为甲醛与尿素的摩尔比增大，有利于生成更多的羟甲基脲，即具有更大的活性，使生成的树脂平均分子量增大，但继续增加时，未参加反应的甲醛增多导致固体含量下降。pH 的增大，有利于生物油-脲醛树脂的合成，但超过一定的范围后，会阻碍生物油-脲醛树脂的合成从而使固体含量下降。

7.1.6 结论

(1)影响胶黏剂各项指标的各因素的主次顺序是：最主要因素是生物油替代率，其次是甲醛与尿素的摩尔比，最后是生物油与甲醛反应时的 pH。

(2)各种因素最佳搭配是 A2B3C2，即生物油替代率取 20%，甲醛和尿素的摩尔比 F/U 取 1.5，生物油与甲醛反应时的 pH 取 10 时，合成的胶黏剂的各项指标满足国家标准，且降低成本的效果最佳。

(3)随着生物油替代率的上升，生物油-脲醛树脂胶黏剂的胶合强度、固体含量都有所下降；随着甲醛与尿素的摩尔比的升高，生物油-脲醛树脂胶黏剂的胶合强度增大，甲醛释放量逐渐上升，固体含量先上升后下降；随着 pH 增大，胶黏剂的胶合强度、甲醛释放量都增大，固体含量先上升后下降。

7.2 生物油-酚醛树脂合成

7.2.1 引言

酚醛树脂是酚类和醛类在催化剂作用下形成树脂的统称。酚醛树脂是木材加工工业中使用最广的主要胶种之一，它具有胶合强度高、耐水、耐热、耐磨及化学稳定性好等优点；但其由于成本高、胶层颜色较深、有一定的脆性以及固化时间较长等缺点，在应用上受到了一定的限制。

快速热解生物油含有大量的酚类物质，是替代苯酚制备酚醛树脂的潜在优质原料，可以全部或部分替代苯酚与甲醛缩聚合成酚醛树脂胶，快速热解生物油成本比苯酚低很多，且我国生物质资源十分丰富，替代苯酚合成酚醛树脂不仅对降低成本和石油下游能源产品的供应缓解具有意义，还具有环保意义，具有广阔的发展前景。本节旨在研究S-23快速热解生物油部分替代苯酚与甲醛缩聚合成酚醛树脂胶，尽可能地增加生物油的替代量。

7.2.2　国内外的研究概况

1. 生物油简介

生物油是指以生物质为原料制备的由不同组分组成的可以燃烧的液体，其主要成分是由碳、氢、氧等元素组成的化合物。按生物油制备原料不同，主要分为三大类：植物油、热裂解油和生物柴油。其中热裂解油的应用最为广泛，热裂解油是指在无氧或缺氧环境下，生物质被加热升温引起分子裂解，得到生物质气和可冷凝液体，其中可冷凝液体就是热裂解油，其具有中等裂解温度(500～600℃)、高的升温速率(1000℃)。根据热解条件不同，又分为传统热解、慢速热解、快速裂解、高压液化。快速热裂解液化技术因其设备简单、投资少而特别适用于来源分散和季节性强的生物质，因而被认为是最具有潜力的生物质利用技术之一。可以被裂解的生物质种类丰富，可以是木材、秸秆，也可以是植物油或动物油脂。生物油的特点：①生物油中酚羟基含量高于木质素，甲氧基含量低于木质素，具有很高的反应活性；②生物油的毒性低于苯酚；③生物油具有较好的可降解性。因此，生物油是替代价格较高的苯酚制备PF胶黏剂的潜在优质原料。现在用于生物油处理的方法中，常减压蒸馏主要用于生物油的粗分，且容易受到生物油热敏性的限制；分子蒸馏在生物油的分离方面具有一定的优势；溶剂萃取存在着萃取剂与被萃组分分离困难的缺点，且萃取选择性较差；选择或设计具有特定结构的化合物与生物油中的某种或某些组分作用，进而将其萃取分离是未来的一个研究方向；色谱分离可以高效地将生物油的主要成分分离出来，但吸附量小，适合于生物油成分的定量分析和高附加值化合物的提取与纯化；超临界CO_2萃取可有效地克服生物油的热敏性，无需反萃，具有潜在的开发优势。开展生物油分离的基础性研究和多种技术的集成化是未来的重要研究方向。

2. 生物油的性质及其影响因素

生物油是化学组成复杂且高含氧量的有机混合物，含有大量的水、酚类、酯类、酮类、醛类、呋喃类、酸类、醇类等，其黏度大、热稳定性差、含水量高、酸性强、腐蚀性强和热值低的缺点严重限制了其实际应用。如何对生物油提质改性和精制成为利用生物质资源的一个关键环节。为此，近年来人们已在生物油的催化加氢、催化裂化、催化酯化等方面做了大量的工作，尽管通过反应对生物油改性可以从根本上提高生物油的稳定性和热值，但从目前的研究来看，还存在着设备复杂、易结焦、催化剂易失活、成本高等缺点。相对而言，直接对生物油进行分离精制具有不改变生物油的原有成分、操作简单、投资小、成本低和可以获得重要精细化工原料(如香兰素)的优点。

生物油的含氧量一般达 35%～60%，生物油的高含氧量主要是由所采用的生物质原料中的氧含量决定的。Luik 等催化热裂解松树皮的研究表明，生物质中 46%～79%的氧被转化为水(绝大部分水最终存在于生物油中)，17%～43%的氧被转化为二氧化碳，其余的氧则是以含氧有机物的形式存在于生物油中。此外，裂解条件直接影响着生物油的含氧量。生物油是非热力学平衡条件下的热裂解产物，其成分中含有大量的不饱和键(如 C═C、C═O 等)。含有这些键的化合物在存储时，其内部易发生聚合、缩合、酯化、氧化等反应，从而使得生物油的储存稳定性和热稳定性较差。生物油中水分含量高，占 15%～30%。高的含水量一方面降低了生物油的黏度，增强了流动性，另一方面也降低了生物油的热值。由于生物油的极性较强，生物油的有机成分易与水发生乳化作用，导致生物油中的水可以较稳定地存在而不分相，但过高的含水量则会引起生物油分层。生物油的含水量一方面取决于生物质原料的干燥程度，另一方面也受到热裂解条件、操作方式、储存过程中生物油内部的脱水反应等因素的影响。Cornelissen 等(2009)发现把生物质与其他生物高分子如马铃薯淀粉、多羟基丁酸盐、聚乳酸等共裂解可以显著地降低生物油含水量，提高固体含量。另外 Rutkowski 等(2006)和 Cao 等(2009)的研究表明，生物质与不同聚合物共裂解所得生物油在性质和组分上也存在着明显差异。生物油具有较高的黏度，并随着含水量和水不溶物含量的变化而变化。含水量高，黏度小；水不溶物多，黏度大。添加合适的溶剂，如甲醇、乙醇等，可以降低生物油的黏度。此外，在储存过程中由于内部的聚合、缩合反应，生物油的黏度也会随之变化。生物油具有腐蚀性，主要是由于生物油中含有大量的甲酸、乙酸、丙酸等有机酸，因而 pH 值一般在 2.5～4。不同的原料、裂解条件所得的生物油中酸含量不同，其酸性强弱也不同，通过酯化反应可以降低生物油中的酸含量，进而降低其腐蚀性。Demirba(2007)认为，在裂解过程中，生物质高温裂解产物中的水来源于脱水反应，乙酸形成于木糖的消去反应，甲酸则来自糖醛酸的脱羧，甲醇来源于糖醛酸的甲氧基的脱落。Hassan 等(2009)比较了 H_3PO_4、H_2SO_4、NaOH、$Ca(OH)_2$、NH_4OH、H_2O_2 等对松树树干预处理的影响，在相同裂解条件下所得生物油的化学成分和酸值、含水量、密度、黏度和热值等物理性质均存在着较大差异。即使用相同的原料，热解温度、升温速率、进料速率、生物质粒度等热解参数也对生物油的性质有着明显的影响。此外，生物质中的木质素、无机物等的含量也是生物油产率、质量和稳定性的重要影响因素。总之，生物油的性质、组分与生物质的种类、裂解条件、裂解方式、预处理和催化剂等密切相关。

3. 生物油-酚醛树脂胶简介及国内外研究现状

生物油-酚醛树脂胶黏剂是指以生物油部分代替苯酚与甲醛反应制备而成的胶黏剂。苯酚的价格较高且毒性较大，采用生物质资源部分代替苯酚制备酚醛树脂胶黏剂可以降低其成本和毒性。目前，国内外对生物油-酚醛树脂胶黏剂的研究已取得了一定的成果，但也存在一些问题，如制备的胶黏剂胶合强度低、固化温度较高、凝胶时间长等。

国外在该方面的研究报道较多，而国内则相对较少。Bridgwater 等(1997)对针叶树皮真空热解生物油进行精制，提取其中的酚类物质替代30%苯酚，制备出胶合板用热解生物油-PF 胶黏剂。同年，采用快速热解生物油中富含的酚类物质替代25%～45%苯酚，由此制得的热解生物油-PF胶黏剂，其性能(与普通商用PF胶黏剂相似)随酚类物质组分不同而异(Bridgwater et al., 1997)。Christian 等(2000)以软木树皮为原料，利用热解技术产生的热解油(精制后)替代40%苯酚，制备出一种力学性能较好的定向刨花板(OSB)。Chan 等(2002)以槭木为原料，利用快速热解技术产生的生物油(全油)替代40%苯酚，制备出一种PF胶黏剂，由此压制得OSB。同年，加拿大Laval大学的Carlos 等(2002)采用真空热解工艺分离出富含酚类的针叶树皮生物油原油，将其替代20%～30%苯酚，制备出一种OSB用生物油-PF胶黏剂。结果表明：针叶树皮热解产生的生物油原油可参与PF的合成反应，用制备的PF压制OSB，其性能均满足加拿大相关标准。郑凯等(2007)、马路等(2008)采用快速热解法生产落叶松树皮生物油(替代 30%苯酚)，制备出热解生物油-PF 胶黏剂，并压制出性能较好的刨花板和胶合板。范东斌(2009)提高生物油品质及调整胶黏剂制备工艺(将苯酚替代率提高到 45%)，制备出的刨花板和胶合板符合相关国家标准。另外，淀粉胶黏剂具有原料易得、无毒、无异味和无污染等优点，已广泛用于标签行业、瓦楞纸箱、建筑涂料和卷烟工业等诸多领域，但由于淀粉胶黏剂在耐水性、黏结强度等方面不够理想，其应用范围受到一定限制。利用木材快速热解产物——生物油部分替代苯酚，由此制取的热解油-PF是一种低毒环保型树脂。热解油-PF不仅具有PF的诸多优点，而且其分子中的羟甲基又能与淀粉中的羟基发生交联反应，故可作为淀粉胶黏剂的改性剂。

4. 酚醛树脂胶的相关理论

1) 碱性条件下热固性酚醛树脂的生成条件

在碱性催化剂作用下苯酚和过量的甲醛反应生成热固性的甲阶酚醛树脂。甲阶酚醛树脂上带有有活性的羟甲基，加热能引起活性甲阶酚醛树脂分子缩聚生成大分子，不需要加入固化剂。一般来讲，苯酚与甲醛的摩尔比小于 1，即在过量的甲醛存在的条件下反应，其反应机理为：碱性条件有利于酚羟基电离成为负离子，促使其邻位和对位的活性增强，即酚的亲核性得到强化，而不影响甲醛的活性，另外苯酚的阴离子会与对位和邻位阴离子形成共振平衡，当与甲醛作用时，甲醛与其生成亚甲基醌。

在碱性条件下优先进行的是甲醛对苯酚的加成反应，而缩聚反应远较加成反应慢。因而可以分离出各种羟甲基化合物，而各种含有活性基团的羟甲基酚通常是与苯环上活性邻位和对位的氢原子相互作用生成次甲基键，也可以和其他羟甲基酚缩聚成次甲基醚键，二者反应过程均失去水分子。缩聚反应继续进行，生成复杂的产物，它们是甲阶酚醛树脂的组成部分。

2) 热固性酚醛树脂的固化

甲阶酚醛树脂的固化方式一般有两种，即冷固化和热固化。冷固化即室温固化，常用于木材冷压胶接，冷固化常用的固化剂有苯磺酸、石油酸等。将酸性固化剂加入液体甲阶酚醛树脂后，酸引起羟甲基与酚核上活泼氢的缩聚反应。反应剧烈，放热量高，足以产生使酚醛树脂固化所需的热量，所以一般在室温下就可以固化。甲阶酚醛树脂在胶接木材时，多采用热固化。固化机理十分复杂，一般认为分三步进行，分别是在110～120℃，再由120℃升到140℃，最后在170～200℃下进一步固化而形成不溶不熔的丙阶树脂。此外甲阶酚醛树脂中的醚键在加热时可能转变为次甲基键，并释放出甲醛。

影响酚醛树脂固化的因素有很多，如固化温度、固化压力、固化时间、树脂浓度、F/P 摩尔比、NaOH/P 摩尔比、添加剂等。在苯酚的浓度和固化温度一定，无添加剂的情况下，酚醛树脂的固化速度与 F/P 摩尔比及 NaOH/P 摩尔比存在如下一些关系：当 F/P 摩尔比为 2.0～2.3 时，NaOH/P 最适宜的摩尔比是 0.2～0.3，而实际的 NaOH/P 摩尔比远比这个高，这是因为若树脂分子量小，树脂向木材内部过度渗透而不能获得良好的胶接性能，然而随着缩聚反应的进行，树脂的分子量不断增大，碱的含量过低会导致树脂的溶解性恶化，为此必须加入过量的碱。故通常木材胶接用的酚醛树脂的 pH 一般是 11～12，呈强碱性。

酚醛树脂的固化速度受温度的影响非常大，常温下温度相差 10℃，固化速度相差 4～5 倍；在 130℃左右，若温度相差 10℃，则固化温度相差 2 倍。酚醛树脂的热固化温度与脲醛树脂、尿素、三聚氰胺共缩聚树脂相比要高出 10～20℃。并且单板或刨花板的含水率过高，会导致固化迟缓，树脂向木材内渗透过度而产生缺胶、鼓泡、放泡等胶接缺陷。故其与脲醛树脂、尿素三聚氰胺共缩聚树脂相比对木材的含水率要求更为严格。由于酚醛树脂的热压温度高，故单板的压缩率也很高。

7.2.3　试验材料与研究方法

1. 主要仪器设备

试验中使用的主要仪器设备见表 7-9。

表 7-9　主要仪器设备

仪器设备名称	型号	生产厂家
电热恒温水浴锅	HH-1	金坛市富华仪器有限公司
电动搅拌器	—	金坛市富华仪器有限公司
酸度计	PHS-25C	上海康仪仪器有限公司
分析天平	TG328A	上海天平仪器厂
电子秤	TD21001	余姚市金诺天平仪器有限公司
单层试验热压机	QD061	上海人造板机器厂有限公司
人造板万能试验机	MNS-10B	济南鑫光试验机制造有限公司
干燥箱	DHG-9075A	上海一恒科技有限公司

2. 主要试验原料

试验中使用的主要原料见表 7-10。

表 7-10　主要试验原料

原料名称	分子式	级别	来源
S-23 快速热解油	—	试验品	自制
甲醛	CH_2O	工业品	长春海特化工有限责任公司
苯酚	C_6H_5OH	工业品	北京有机化工公司
氢氧化钠	NaOH	工业品	北京化工厂有限责任公司
面粉	—	工业品	天津市北方天医化学试剂厂

3. 生物油-酚醛树脂合成的具体工艺

生物油-酚醛树脂合成装置简图见图 7-5。

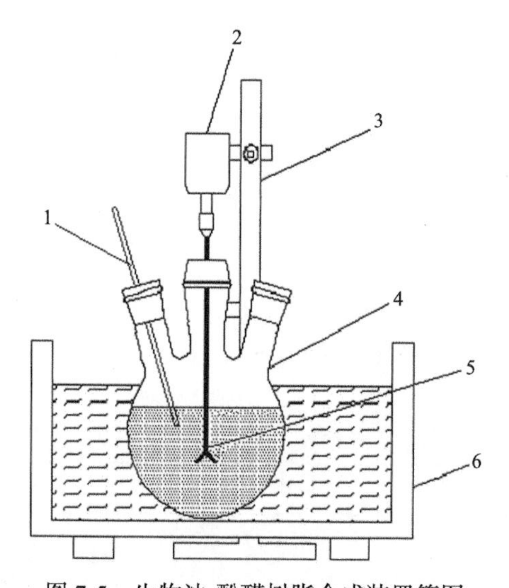

图 7-5　生物油-酚醛树脂合成装置简图

1. 温度计；2. 搅拌器；3. 铁架台；4. 三口烧瓶；5. 搅拌棒；6. 水浴锅

(1)将一定比例的生物油、NaOH(40%)加入到三口烧瓶，搅拌均匀并加热至100℃，恒温反应0.5 h。

(2)降低温度至50℃,加入苯酚反应0.5 h,再加入甲醛总量的70%反应0.5 h,然后在40 min内升温至80℃，反应一段时间后加入剩余的甲醛，15 min后温度升到90℃反应。

(3)待涂四杯黏度升至20～30 s时冷却至40℃出料。

4. 正交试验设计

采用正交试验的设计方法,研究了生物油替代率(本节的生物油替代率是指在原酚胶的配方中用生物油替代苯酚，即纯生物油所占原苯酚的质量分数，用 T 表示)、甲醛与苯酚的摩尔比以及 NaOH 用量(即选用 T、n_F/n_P 以及 n_{NaOH}/n_P 为试验因子)对胶黏剂主要性能的影响。采用甲醛2次投料的方法进行生物油-酚醛树脂胶黏剂的合成。正交试验因素及水平表见表7-11。

表 7-11　正交试验因素及水平表

水平	因素		
	T(%)	n_F/n_P	n_{NaOH}/n_P
1	35	1.6	0.25
2	45	1.8	0.35
3	55	2.0	0.45

5. 生物油的预处理

由于高温裂解后的生物油中含有大量的水分，所以固体含量一般很低，若直接使用会影响合成的生物油-酚醛树脂的胶合强度，故在使用前采用了旋蒸法除去生物油中的水分来提高生物油的固体含量。试验是在负压 0.8MPa 左右，60℃条件处理 2～3 h，使生物油的固体含量从 20%上升到 80%，从而减小了生物油对胶黏剂合成的影响，增大了生物油的浓度也就增加了生物油参加反应的概率，有利于树脂的合成，此外，由于生物油的酸性很强，pH 值在 2～3，直接使用会影响胶黏剂的性能，所以在使用前应调节至中性左右。另外，开始阶段对生物油进行碱活化，即加碱在 100℃下加热 0.5 h，有利于增加生物油的反应速率。

6. 黏度及 pH 的检测

对生物油-酚醛树脂性能指标按照国家标准 GB/T 14074.1—2006～GB/T 14704.18—2006 进行检测。

7. 固体含量的测定

取一个玻璃皿，用水洗净，放入干燥箱内进行烘干。烘干好了以后取出，把事先调好的分析天平清零，然后把玻璃皿放在千分之一的分析天平上称重，记下玻璃皿的质量，然后清零；用胶头滴管取乳液，一滴一滴地滴在玻璃皿上，当到一定数值时，记下乳液与玻璃皿的质量，然后将玻璃皿放入恒定温度的干燥箱内进行烘干，烘干温度控制在 120℃左右，烘干 3 h 左右，取出放入干燥器中，冷却一段时间(20 min)取出，再放在分析天平上称重，记下数值。

7.2.4　试验结果及处理

1. 正交试验结果

正交试验表见表 7-12。未碱活化的胶合强度见表 7-13。

表 7-12　正交试验表及试验结果

试验序号	因素			检测结果				
	T(%)	n_F/n_P	n_{NaOH}/n_P	湿胶合强度(MPa)	甲醛释放量(mg/L)	pH 值	固体含量(%)	储存期(d)
1	35	1.6	0.25	1.23	1.108	11.34	52.38	>30
2	35	1.8	0.35	1.44	1.231	11.38	54.20	>30
3	35	2.0	0.45	1.40	1.240	11.46	53.60	>30
4	45	1.6	0.35	1.09	1.380	11.65	51.35	>30
5	45	1.8	0.45	1.14	1.390	11.12	51.70	>30

续表

试验序号	因素			检测结果				
	T(%)	n_F/n_P	n_{NaOH}/n_P	湿胶合强度(MPa)	甲醛释放量(mg/L)	pH 值	固体含量(%)	储存期(d)
6	45	2.0	0.25	1.07	1.397	11.23	51.53	>30
7	55	1.6	0.45	0.99	1.403	11.25	50.12	>30
8	55	1.8	0.25	1.03	1.412	10.97	50.00	>25
9	55	2.0	0.35	1.00	1.486	11.09	50.09	>25

表 7-13　未碱活化的胶合强度

试验序号	1	2	3	4	5	6	7	8	9
湿胶合强度(MPa)	1.21	1.43	1.54	0.85	1.02	0.93	0.46	0.73	0.65

资料来源：廖浩锋. 2011. 能源植物细胞壁成分与稀酸处理降解转化关系的研究. 武汉：华中农业大学.

2. 优化方案的确定

从表 7-14 的各因素极差值以及图 7-6 的走势可知，正交试验各因素对胶黏剂的性能影响最大的是生物油替代率，其次是甲醛和苯酚的摩尔比，最后是碱的加入量，故各种要素最佳搭配是 A1B2C2，即 T 取 35%，n_F/n_P 取 1.8，n_{NaOH}/n_P 取 0.35。但替代率为 45%时，合成的胶黏剂的各项指标也满足国标，且成本降低十分显著，因此在实际合成过程中最佳的合成配方为：T 取 45%，n_F/n_P 取 1.8，n_{NaOH}/n_P 取 0.35。此外 T 为 55%时，虽然胶合强度有所下降，但各项指标仍满足国标，故在胶合强度要求不是十分严格时(湿强度在 1MPa 左右)，可考虑用 55%的替代率，这样可以更大程度地降低成本。

表 7-14　极差分析结果

试验指标	水平	T(%) (A)	n_F/n_P (B)	n_{NaOH}/n_P (C)
胶合强度(MPa)	k1	1.36	1.10	1.11
	k2	1.10	1.20	1.18
	k3	1.01	1.16	1.18
	极差 R	0.35	0.10	0.07
	因素主次：A→B→C			
甲醛释放量(mg/L)	k1	1.193	1.297	1.306
	k2	1.389	1.344	1.365
	k3	1.434	1.374	1.344
	极差 R	0.241	0.077	0.059
	因素主次：A→B→C			

续表

试验指标	水平	T(%) (A)	n_F/n_P (B)	n_{NaOH}/n_P (C)
pH值	k1	11.39	11.41	11.18
	k2	11.33	11.16	11.37
	k3	11.10	11.26	11.28
	极差 R	0.29	0.25	0.19
		因素主次：A→B→C		
固体含量(%)	k1	53.39	51.28	51.30
	k2	51.53	51.97	51.88
	k3	50.07	51.74	51.81
	极差 R	3.32	0.69	0.58
		因素主次：A→B→C		

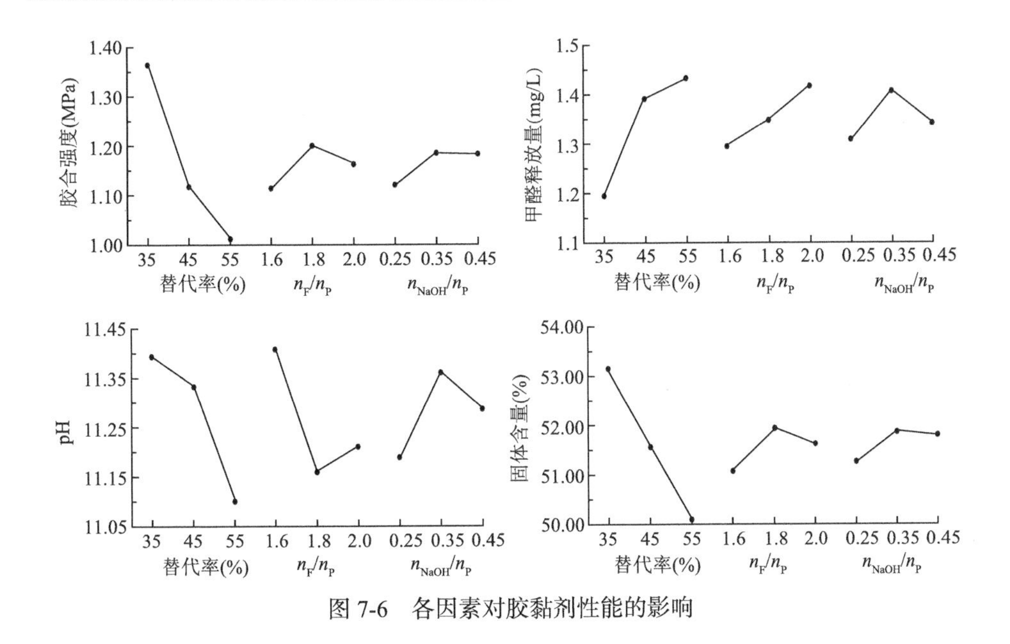

图7-6　各因素对胶黏剂性能的影响

7.2.5　结果与分析

1. 合成工艺对胶黏剂胶合强度的影响

由图7-6可得，在各因素变化范围内，胶合强度随着T的增加而显著减小，这是由于生物油中的一些物质不参与反应。随着甲醛与苯酚的摩尔比增加，胶合强度先增大后减小，原因可能是甲醛量增高，有利于形成多羟甲基酚，使树脂的平均分子量增大，更易形成三维体型结构。另外，甲醛含量增加，促进了热压过程中胶黏剂的固化，导致胶合强度增大；当甲醛含量继续增加时，上述影响变小，且使胶黏剂的固体含量减小，从而导致胶黏剂胶合强度下降。随着 NaOH 用量的增大，胶合强度也是呈先增加后下降的趋势，这可能是在一定范围内，NaOH 用量的增加使催化作用加强，碱活化效果更明显，从而有助于树脂的合成，但超过一定范围后，则阻碍了胶黏剂的合成且树脂中残存的游离碱会降低胶合强度。从表 7-14 的分析结果可知，T 是影响胶合强度的最主要因素，其次是甲醛与苯酚的摩尔比，最后是 NaOH 与苯酚的摩尔比。另外比较表 7-12 与表 7-13 可知，采用碱活化后的生物油制得的生物油-酚醛树脂的胶合强度较未碱化而制得的胶黏剂有很大的改善。

2. 合成工艺对胶黏剂甲醛释放量的影响

由表 7-12 可知，S-23 快速热解油合成生物油-酚醛树脂胶生产的胶合板甲醛释放量均满足国标 E1 级标准。由图 7-6 可知，在各因素变化范围内，随着 T 增加，胶合板的甲醛释放量显著增加，这是由于生物油的总体活性要弱于苯酚，消耗甲醛的能力比苯酚弱，在相同的 n_F/n_P 条件下，T 的增加必然会导致合成的生物油-酚醛树脂胶黏剂中游离甲醛含量增加，从而使压制的胶合板的甲醛释放量上升。在相同的条件下，随着甲醛含量增加，胶黏剂中残存的游离醛量上升，就导致胶合板中甲醛释放量升高。随着 n_{NaOH}/n_P 增大，甲醛释放量呈先上升后下降的趋势，可能是 NaOH 在一定量之内的增加有助于加速甲醛参与反应，超过一定量后，其与生物油发生了一些复杂反应，导致随着 NaOH 用量提高压制的胶合板的甲醛释放量升高。从表 7-14 的分析结果可知，T 是影响甲醛释放量的最主要因素，其次是甲醛与苯酚的摩尔比，最后是 NaOH 与苯酚的摩尔比。

3. 合成工艺对胶黏剂的 pH 值的影响

由图 7-6 可知，在各因素的变化范围内，随着 T 的增加 pH 值明显下降，这是由于生物油中含有酸性物质。T 越高，则酸性物质占的比例就越多，从而使 pH 值显著下降。随着 n_F/n_P 增大，pH 值先降低后升高，这可能是由于超过一定的范围后，随着甲醛含量的增加，消耗的酸性生物油的量增加且效果十分明显，从而使 pH 值呈上升趋势。随着 NaOH 用量增加，pH 值先升高后下降，开始时碱含量的增加使树脂的 pH 值上升，但超过一定的量时，甲醛与生物油发生了复杂的反应而消耗了碱量，另外，在强碱的条件下甲醛会发生歧化反应生成甲酸，从而使合成的胶黏剂的 pH 值下降。从表 7-14 的分析结果可知，T 是影响 pH 值的最主要因素，其次是甲醛与苯酚的摩尔比，最后是 NaOH 与苯酚的摩尔比。

4. 合成工艺对胶黏剂固体含量的影响

由图 7-6 可知，在各因素的变化范围内，随着 T 的升高，固体含量显著下降，这是由于生物油的活性弱于酚醛树脂，同样甲醛条件下，参加反应的物质减少，从而使生成的固体物质的量减少。n_F/n_P 增大，有利于生成更多的多羟甲基酚，即具有更大的活性，使生成的树脂平均分子量增大，但 n_F/n_P 继续增大时，参加反应的甲醛与残留的甲醛相比更少，就使固体含量下降。碱用量增加，有利于生物油-酚醛树脂的合成，但超过一定的范围后，会阻碍生物油-酚醛树脂的合成从而使固体含量先上升后下降。从表 7-14 的分析结果可知，T 是影响固体含量的最主要因素，其次是甲醛与苯酚的摩尔比，最后是 NaOH 与苯酚的摩尔比。

5. 合成工艺对胶黏剂储存期的影响

由表 7-12 可知，不同合成工艺合成的生物油-酚醛树脂胶黏剂的储存期不同，一般都超过 25 天。生物油的稳定性差，导致了随着 T 的升高储存稳定性下降。另外，碱含量增加，可以增加树脂的水溶性，从而提高生物油-酚醛树脂的稳定性，延长其储存期。

7.2.6　结论

(1) 影响胶黏剂各项指标的各要素的主次顺序是：$T \rightarrow n_F/n_P \rightarrow n_{NaOH}/n_P$，即生物油的替代率是影响的主要因素。实际合成生物油-酚醛树脂的最佳合成工艺是：T 取 45%，n_F/n_P 取 1.8，n_{NaOH}/n_P 取 0.35，另外对胶合强度要求不是十分严格时(湿强度在 1MPa 左右)，可考虑用 55%的替代率，这样可以很大程度地降低成本。

(2) 碱活化生物油有利于提高生物油-酚醛树脂的胶合强度。

(3) 随着 T 的上升，生物油-酚醛树脂胶黏剂的胶合强度、pH 值和固体含量都有所下降；随着 n_F/n_P 的升高，生物油-酚醛树脂胶黏剂的胶合强度、固体含量先上升后下降，甲醛释放量逐渐上升，pH 值先下降后上升；随着 NaOH 用量增大，胶黏剂的胶合强度、甲醛释放量、pH 值和固体含量都是先增大后减小。

(4) T 增加会降低生物油-酚醛树脂的储存期，另外碱含量的增加有利于增加树脂的水溶性，从而提高其稳定性。一般情况下储存期都会超过 25 天。

第8章　结　束　语

8.1　*4CL1* 基因在木质素单体合成中的作用

4CL 既是苯丙烷类代谢途径的第 3 个基因，也是联系木质素前体和各个分支途径的纽带。调控 *4CL* 的基因表达，将对木质素单体合成途径相关基因表达产生协同调控作用，最终也对木质素单体组成产生影响。通过调控 *4CL1* 的表达不仅能改变细胞壁中木质素的含量，同时木质素的单体组成也发生改变。基于转基因毛白杨中木质素单体组成、酚酸含量和木质素生物合成途径相关基因的表达等分析结果，*4CL1* 活性与芥子酸活化作用有牵连，调控 *4CL1* 的基因表达，也将影响松柏醇和芥子醇的合成通路。也由于转基因毛白杨的芥子酸含量远远低于其他酚酸，而木质素单体中 S-木质素的含量大于 G-木质素和 H-木质素含量，而且许多物种的 *4CL* 重组酶不具有催化芥子酸的能力，表明 *4CL1* 基因不是对 S-木质素合成起决定性作用的基因，植物体中可能存在一条不依赖于 *4CL1* 的芥子酸-CoA 支路合成途径。

8.2　木质素生物合成途径与碳水化合物代谢途径的相互作用

转基因植株中木质素减少的同时，纤维素的含量成比例增加，表明纤维素和木质素的含量存在补偿机制。而且这种补偿不仅仅存在于纤维素中，对于细胞壁中其他碳水化合物的含量，同样有代偿性增加。*4CL* 调控木质素生物合成途径，使木质素含量发生改变，从而打破了细胞的碳代谢水平的相对稳定性，碳资源在植物体内重新分配，由于纤维素、半纤维素、果胶是植物细胞壁中主要的碳水化合物，三者含量由于木质素含量的减少而产生代偿性改变。通过 *4CL* 调控木质素生物合成途径，使转正义 *4CL1* 的 S-23 纤维素含量减少，木质素含量增加；使部分转反义 *4CL1* 的 A-41 纤维素含量增加，木质素含量减少。这也表明通过基因工程手段调控木质素的生物合成，能在一定程度上调节细胞的碳代谢水平和碳资源流向。

8.3 启动子和 N-domain 对 *4CL1* 基因表达的作用

GRP1.8 启动子是富含甘氨酸的启动子，在形成层区域特异表达；*CaMV35S* 启动子是组成型启动子，在植物整个生长期内的任何组织器官中表达。本节中，由于 antisense-*4CL1* 基因与 *GRP1.8* 启动子融合，因而木质素含量在转反义 *4CL1* 基因的毛白杨中比转干涉 *4CL1* 基因的毛白杨中下降得更多。这说明组织特异性启动子(*GRP1.8*启动子)比组成型启动子(*CaMV35S*启动子)更能有效地调控 *4CL1* 在植株中表达。

Hu 等(2010)对 4CL1 蛋白的三维结构解析时发现，4CL1 由两个有机结合的球状结构域组成，这两个结构域分别为 N-domain 和 C-domain。其中 N-domain 由 434 个氨基酸残基组成，C-domain 较小，由第 435～536 位的氨基酸残基组成。部分反义 *4CL1* 片段编码的是第 1～202 位的氨基酸残基，能有效抑制 *4CL1* 基因的表达，推测 N-domain 是调控 *4CL1* 基因表达活性的关键区域，设计 N-domain 区域的反义 *4CL1* 序列或干涉序列比全长反义或干涉的 *4CL1* 序列更能有效地抑制 *4CL1* 基因的表达。

8.4 调控 *4CL1* 基因对木材品质的影响及综合评价

通过 *4CL1* 基因调控木质素生物合成途径，进而影响细胞壁各化学组分的合成，最终可对木材品质产生影响。由于转基因毛白杨的株系类型多，涉及分析的木材材性指标也很多，因此，很难对转 *4CL1* 基因毛白杨的转基因性状做出综合评价，同时，不同的市场需求对毛白杨遗传改良的性状指标的要求也不同。所以，综合转 *4CL1* 基因毛白杨的化学组成和材性的众多指标，提取 4 个主成分值，通过分析各类转 *4CL1* 基因毛白杨在主成分中的得分情况，可综合评价转基因植株的优劣。研究结果表明，A-41 株系在细胞壁化学组成改良、木材密度和干缩性能优化方面有最佳表现，适合选作造纸原料。而株系 R-21 虽然在力学性能方面优势不突出，但其干缩性能在所有转基因株系中表现最优。

8.5 GM 杨木木材热重分析及动力学研究

(1) GM 杨木主要的热解区间都约在 420～720K 范围内，此温度范围内 S-23 挥发分析出量约占整个试验温度区析出量的 87%～91%，A-41 挥发分析出量约占整个试验温度区析出量的 91%～95%。S-23 最大失重速率远远小于 A-41。A-41

的热解转化率大于 S-23 的热解转化率，这主要是由于 S-23 的木质素含量远远大于 A-41，纤维素含量小于 A-41。

(2)随升温速率增加，单位质量 A-41 颗粒热解过程中吸放热量减少，且与升温速率呈线性相关。S-23 单位热解吸热量大于 A-41 单位热解吸热量，而 S-23 的单位热解放热量小于 A-41 的单位热解放热量。

(3)建立了 S-23 和 A-41 的热解动力学方程。该方程可以很好地描述这两种转基因杨木的热解现象，预测不同热解温度下的转化率。

8.6　S-23 和 A-41 快速热解产物分析

(1)TCT 分析表明，A-41 热解气中含量较多的是一氧化碳、水、丙酮和少量的苯。S-23 热解气中含量较多的是一氧化碳、水、苯和少量的丙酮。原料不同，热解气的主要成分不同。

(2) A-41 脱水油中饱和烃多于 S-23，芳香类化合物多于 S-23，酯类物质少于 S-23。S-23 生物油中的成分种类多于 A-41。

8.7　主要创新点

(1)对转 *4CL1* 基因毛白杨的细胞壁全组分进行分析，并深入研究了 *4CL1* 基因在木质素单体生物合成中的作用。

(2)分析了转 *4CL1* 基因毛白杨的木材品质特征，并对各类转基因毛白杨做出综合评价。

(3)建立了描述 S-23 和 A-41 热解动力学方程，该方程可以很好地描述 S-23 和 A-41 热解现象，预测不同热解温度下的转化率。

(4)S-23 快速热解生物油以 20%尿素替代率合成生物油-脲醛树脂胶及以 45%苯酚替代率合成生物油-酚醛树脂胶获得成功。

(5)A-41 快速热解生物油不能合成生物油-脲醛树脂及生物油-酚醛树脂，是由于其木质素含量很低。

(6)将转基因杨木用于合成醛类胶黏剂生物油的快速热解材料。

(7)将转基因技术与生物质能源化技术有机结合。

8.8　总结和展望

(1)开展碳代谢流向的调控基因的功能分析。研究表明，*4CL*、*UGPase* 等都能使碳资源在植物总代谢中的流向发生改变，且转基因植株的生理特征又表现正常。将来可以寻找更多其他的关键酶，调节或共同调节碳代谢的流向，从而更好将地杨木用于快速热解制备燃油、动力油等。

⑵众所周知，热解炭具有较宽范围的微观结构，因此，必须对热解炭的微观结构进行清晰的描述与表征，对扩大热解炭的应用领域有重要意义。

⑶由于生物油成分非常复杂，其中不乏很多有价值的物质，对热解产物-生物油成分进行定性-定量鉴定，找到其中价值很高的化合物。

⑷建议以生物质能源化产品为目标进行树木基因改良。

参考文献

陈维伦, 郭东红, 杨善英, 等. 1980. 山新杨(*Populus davidiana*×*P. bolleana* Loucne)叶外植体的器官分化以及生长调节物质对它的影响. 植物学报, 22(4): 311-315.

陈耀华. 1983. 利用胚培养的方法获得毛白杨实生苗. 北京林学院学报, (3): 85-88.

陈正华. 1986. 木本植物组织培养及其应用. 北京: 高等教育出版社.

董雁, 别婉丽, 赵继梅, 等. 1999. 三倍体山杨组培繁育技术的研究. 辽宁林业科技, (6): 11-15.

段双艳. 2012. 苹果果胶多糖和果胶寡糖的分离纯化及其活性研究. 西安: 西北大学.

段新芳, 鲍甫成. 2001. 人工林毛白杨木材解剖构造与染色效果相关性的研究. 林业科学, 37(1): 112-116.

范东斌. 2009. 尿素、生物油-苯酚-甲醛共缩聚树脂的合成、结构与性能研究. 北京: 北京林业大学.

高金润. 1988. 培养基关键因素的研究. 山西林业科技, (4): 18-20.

郭艳, 王垚, 魏飞, 等. 2001. 杨木快速裂解过程机理研究. 高校化学工程学报, 15(5): 440-445.

何芳, 易维明, 柏雪源, 等. 2003. 几种生物质热解反应动力学模型的比较. 太阳能学报, 24(6): 771-775.

何芳, 易维明, 孙容峰, 等. 2002. 小麦和玉米秸秆热解反应与热解动力学分析. 农业工程学报, 18(4): 10-13.

胡荣祖, 史启祯. 2001. 热分析动力学. 北京: 科学出版社.

黄胜雄, 胡尚连, 孙霞, 等. 2008. 木质素生物合成酶 *4CL* 基因的遗传进化分析. 西北农林科技大学学报(自然科学版), 36(10): 199-206.

贾彩红. 2004. 低木质素含量的转基因毛白杨(*Populus tomentosa*)的获得与毛白杨 *4CL* 基因启动子的克隆. 保定: 河北农业大学.

蒋剑春, 沈兆邦. 2003. 生物质热解动力学的研究. 林产化学与工业, 23(4): 2-6.

李欢欢, 饶国栋, 范丙友, 等. 2009. 重组毛白杨 4-香豆酸: 辅酶 A 连接酶催化不同肉桂酸衍生物的酶促动力学研究. 成都大学学报(自然科学版), 28(1): 1-4.

李嘉, 孟庆雄. 2010. 植物阿魏酸-5-羟化酶生物信息学分析. 生物技术通报, (6): 195-201, 211.

李金花. 2005. 杨树 *4CL* 基因调控木质素生物合成的研究. 中国林业科学研究院.

李莉, 赵越, 马君兰. 2007. 苯丙氨酸代谢途径关键酶: PAL、C4H、4CL 研究新进展. 生物信息学, 5(4): 187-189.

李文钿, 李江山. 1985. 杨树杂种胚珠的离体培养. 林业科学, 21(4), 339-350.

李桢. 2009. 杨树木质素生物合成调控的研究. 北京: 首都师范大学.

廖浩锋. 2011. 能源植物细胞壁成分与稀酸处理降解转化关系的研究. 武汉: 华中农业大学.

廖洪强, 孙成功, 李保庆. 1998. 煤–焦炉气共热解特性研究 III. 热解焦油分析. 燃料化学学报, 26(1): 7-12.

刘汉桥, 蔡九菊, 包向军, 等. 2003. 废弃生物质热解的两种反应模型对比研究. 材料与冶金学报, 2(2): 153-156.
刘乃安, 范维澄, Ritsu D, 等. 2001. 一种新的生物质热分解失重动力学模型. 科学通报, 46(10): 876-880.
刘乃安, 王海晖, 夏敦煌, 等. 1998. 林木热解动力学模型研究. 中国科技大学学报, 28(1): 40-48.
刘培林.1993. 山杨育种研究. 北京: 中国林业出版社.
刘庆昌, 吴国良. 2010. 植物组织细胞培养. 北京: 中国农业大学出版社.
刘晓娜, 刘雪梅, 杨传平, 等. 2007. 木质素合成研究进展. 中国生物工程杂志, 27(3): 120-126.
陆海. 2002. 形成层定位表达基因调控植物生长与性状研究. 北京: 北京林业大学.
陆志华, 刘玉喜, 张培杲. 1985. 杨树花培植株染色体自然加倍的研究. 林业科学, 21(3): 227-234.
马路, 常建民, 郑凯. 2008. 落叶松树皮快速热解油的成分分析研究. 中国人造板, 15(4): 8-11.
潘云祥, 管翔颖, 冯增援,等. 1999. 一种确定固相反应机理函数的新方法——固态草镍(II)二水合物脱水过程的非等温动力学. 无机化学学报, 15(2): 247-251.
沈兴. 1995. 差热、热重分析与非等温固相反应动力学. 北京: 冶金工业出版社.
宋春财, 胡浩权, 朱盛维, 等. 2003. 生物质秸秆热重分析及几种动力学模型结果比较. 燃料化学学报, 31(4): 311-316.
孙静. 2009. 果胶多糖的降解及其产物的分离分析与活性研究. 西安: 西北大学.
陶霞娟. 2003.转基因烟草木质素生物合成中间代谢物比较研究. 北京: 北京林业大学.
田晓明. 2013. *4CL* 基因调控树木生长、木材形成和木材品质的研究. 北京: 北京林业大学.
田晓明, 颜立红, 向光锋, 等. 2017. 植物 4 香豆酸:辅酶 A 连接酶研究进展. 生物技术通报, 33(4): 19-26.
王恺, 侯知正. 1985. 中国的木材供需问题. 林业经济, (1): 8-15.
王蕾, 苗宗成, 陈德凤. 2006. 苯酚改性脲醛树脂在造纸工业中的应用前景. 湖南造纸, (4): 23-24, 28.
王丽红, 柏雪源, 易维明, 等. 2006. 玉米秸秆热解生物油特性的研究. 农业工程学报, 22(3): 108-111.
王树荣, 骆仲泱, 董良杰, 等. 2004. 几种农林废弃物热裂解制取生物油的研究. 农业工程学报, 20 (2): 246-249.
文丽华, 王树荣, 施海云, 等. 2004. 木材热解特性和动力学研究. 消防科学与技术, 23(1): 2-5.
武恒, 刘盛全, 查朝生, 等. 2011. 不同杨树无性系幼龄材和成熟材化学成分的比较. 西北农林科技大学学报(自然科学版), 39(7): 71-76.
许凤, Jone-Gwynn L L, 孙润仓. 2006. 速生灌木沙柳的纤维形态及解剖结构研究. 林产化学与工业, 26(1): 91-94.
许越. 2005. 化学反应动力学. 北京: 化学工业出版社.
杨婷, 潘翔, 饶国栋, 等. 2011. 植物 *4CL* 基因家族结构功能与表达特性研究进展. 成都大学学报(自然科学版), 30(1): 4-7.
于伯龄, 姜胶东. 1990. 实用热分析. 北京: 纺织工业出版社.
于志水, 金红, 苘胜军, 等. 2002. 黑杨派杨树组培再生系统的研究. 辽宁林业科技, (6): 11-13.

余春江, 骆仲泱, 方梦祥, 等. 2002. 一种改进的纤维素热解动力学模型. 浙江大学学报(工学版), 36(5): 509-515.

余紫苹. 2012. 毛竹半纤维素分离及结构研究. 南昌: 南昌大学.

臧雅茹. 1995. 化学反应动力学. 天津: 南开大学出版社.

张双燕. 2011. 化学成分对木材细胞壁力学性能影响的研究. 北京: 中国林业科学研究院.

张文杰, 戴惠堂, 郭保生, 等. 2003. 河南鸡公山引栽鹅掌楸属树种生长规律的初步研究. 河南林业科技, 23(3): 33-34.

赵博, 饶景萍. 2005. 柿果实采后胞壁多糖代谢及其降解酶活性的变化. 西北植物学报, 25(6): 1199-1202.

赵起越, 岳志孝. 2001. 酚焦油中酚类物质的气相色谱分析. 石油化工, 30(4): 305-307.

赵淑娟, 刘涤, 胡之璧. 2006. 植物 4-香豆酸: 辅酶 A 连接酶. 植物生理学通讯, 42(3): 529-538.

郑凯, 常建民. 2007. 落叶松树皮热解油-酚醛树脂胶的固化特性研究. 中国人造板, 14(9): 5-8.

Agarwal U P. 2006. Raman imaging to investigate ultrastructure and composition of plant cell walls: distribution of lignin and cellulose in black spruce wood (*Picea mariana*). Planta, 224(5): 1141-1153.

Agrawa R K. 1987. A new equation for modeling nonisothermal reactions. Thermal Analysis, 32: 149-156.

Ahuja M R. 1984. Short note: a commercially feasible micropropagation method for aspen. Silvae Genetica, 33(4-5): 174-176.

Alain M, Boudet J G. 1996. Lignin genetic engineering. Molecular Breeding, 2(1): 25-39.

Antal M J J, Varhegyi G. 1995. Cellulose pyrolysis kinetics: the current state of knowledge. Industrial & Engineering Chemistry Research, 34(3): 703-717.

Ayaz F A, Hayirlioglu-Ayaz S, Gruz J, et al. 2005. Separation, characterization, and quantitation of phenolic acids in a little-known blueberry (*Vaccinium arctostaphylos* L.) fruit by HPLC-MS. Journal of Agricultural and Food Chemistry, 53(21): 8116-8122.

Aziz N H, Farag S E, Mousa L A, et al. 1998. Comparative antibacterial and antifungal effects of some phenolic compounds. Microbios, 93(374): 43-54.

Babu B V, Chaurasia A S. 2003. Modeling for pyrolysis of solid particle: kinetics and heat transfer effects. Energy Conversion and Management, 44(14): 2251-2275.

Balatinecz J J, Kretschmann D E. 2001. Properties and Utilization of Poplar Wood. Ottawa: NRC Research Press: 277-291.

Barnett J R, Jeronimidis G. 2003. Wood Quality and its Biological Basis. Oxford: Blackwell Publishing Press.

Bayerbach R, Meier D. 2009. Characterization of the water-insoluble fraction from fast pyrolysis liquids (pyrolytic lignin). Part Ⅳ: structure elucidation of oligomerie molecules. Journal of Analytical & Applied Pyrolysis, 85(1-2): 98-107.

Bayerbach R, Nguyen V D, Schurr U, et al. 2006. Characterization of the water-insoluble fraction from Prolysis liquids (pyrolytic lignin). Part Ⅲ. molar mass characteristics by SEC, MALDI-TOF-MS, LDI-TOF-MS, and Py-FIMS. Journal of Analytical & Applied Pyrolysis, 77(2): 95-101.

Bazzano L A, He J, Ogden L G, et al. 2002. Fruit and vegetable intake and risk of cardiovascular disease in US adults: the first national health and nutrition examination survey epidemiologic follow-up study. The American Journal of Clinical Nutrition, 76(1): 93-99.

Bilbao R, Mastral J F, Aldea M E, et al. 1997. Kinetic study for the thermal decomposition of cellulose and pine sawdust in an air atmosphere. Journal of Analytical & Applied Pyrolysis, 39(1), 53-64.

Blasi C D. 1997. Influences of physical properties on biomass devolatilization characteristics. Fuel, 76(10): 957-964.

Boerjan W, Ralph J, Baucher M. 2003. Lignin biosynthesis. Annual Review of Plant Biology, 54(1): 519-546.

Bok J W, Noordermeer D, Kale S P, et al. 2006. Secondary metabolic gene cluster silencing in *Aspergillus nidulans*. Molecular Microbiology, 61(6): 1636-1645.

Boudet A M, Grima-Pettenati J. 1996. Lignin genetic engineering. Molecular Breeding, 2(1): 25-39.

Bridgwater A V. 2001. Progress in Thermochemical Biomass Conversion. New Jersey: Blackwell Science Ltd.

Bridgwater A V, Boocack D G B. 1997. Developments in Thermochemical Biomass Conversion. Berlin: Springer Netherlands.

Cao Q, Jin L, Bao W, et al. 2009. Investigations into the characteristics of oils produced from co-pyrolysis of biomass and tire. Fuel Processing Technology, 90(3): 337-342.

Carlos A C, Riedl B, Wang X M, et al. 2002. Soft-wood bark pyrolysis oil-PF resols (part 1): resin synthesis and OSB mechanical properties. Holzforschung, 56(2): 167-175.

Ceulemans R, Jiang X N, Shao B Y. 1995. Growth and physiology of one-year old poplar (*Populus*) under elevated atmospheric CO_2 levels. Annals of Botany, 75(6): 609-617.

Chan F, Riedl B, Wang X M, et al. 2002. Performance of pyrolysis oil-based wood adhesivein OSB. Forest Products, 52(4): 31-38.

Chan W C R, Kelbon M, Krieger B B. 1985. Modeling and experimental verification of physical and chemical processes during pyrolysis of a large biomass particle. Fuel, 64(11): 1505-1513.

Chen F, Dixon R A. 2007. Lignin modification improves fermentable sugar yields for biofuel production. Nature Biotechnology, 25: 759-761.

Chen H J, Chen B H, Inbaraj B S. 2012. Determination of phenolic acids and flavonoids in taraxacum formosanum kitam by liquid chromatography-tandem mass spectrometry coupled with a post-column derivatization technique. International Journal of Molecular Sciences, 13(1): 260-285,226.

Christian R, Xiao L, Hooshang P. 2000. Process for the production of phenolics-rich pyrolysis oils for use in making phenol-formaldehyde resoles resins. US: 6143856.

Coast A W, Redfern J P. 1964. Kinetic parameters from thermogravimetric data. Nature, 201: 68-69.

Cornelissen T, Jans M, Stal M, et al. 2009. Flash co-pyrolysis of biomass: the influence of biopolymers. Journal of Analytical and Applied Pyrolysis, 85(1/2): 87-97.

Coutinho A R, Rocha J D, Luengo C A. 2000. Preparing and characterizing biocaborn electrodes. Fuel Processing Technology, 67(2): 93-102.

Creelman R A, Mullet J E. 1997. Oligosaccharins, brassinolides, and jasmonates: nontraditional regulators of plant growth, development, and gene expression. Plant Cell, 9(7): 1211-1223.

Croteau R, Kutchan T M, Lewis N G. 2000. Natural products (secondary metabolites). Biochemistry & Molecular Biology of Plants, 1250-1318.

Cukovic D, Ehlting J, Vanziffle J A, et al. 2001. Structure and evolution of 4-coumarate: coenzyme A ligase (4CL) gene families. Biological Chemistry, 382(4): 645-654.

Demirbas A. 2007. The influence of temperature on the yields of compounds existing in bio-oils obtained from biomass samples via pyrolysis. Fuel Processing Technology, 88(6): 591-597.

Dixon R A, Paiva N L. 1995. Stress-induced phenylpropanoid metabolism. The Plant Cell, 7(7): 1085-1097.

Donaldson L A. 2001. Lignification and lignin topochemistry-an ultrastructural view. Phytochemistry, 57(6): 859-873.

Doorsselaere J, Baucher M, Chognot E, et al. 1995. A novel lignin in poplar trees with a reduced caffeic acid/5-hydroxyferulic acid *O*-methyltransferase activity. The Plant Journal, 8(6): 855-864.

Douglas C J. 1996. Phenylpropanoid metabolism and lignin biosynthesis: from weeds to trees. Trends in Plant Science, 1(6): 171-178.

Ehlting J, Büttner D, Wang Q, et al. 1999. Three 4-coumarate: coenzyme A ligases in *Arabidopsis thaliana* represent two evolutionarily divergent classes in angiosperms. The Plant Journal, 19(1): 9-20.

Elorza M V, Larriba G, Villanueva J R, et al. 1977. Biosynthesis of the yeast cell wall: selective assays and regulation of some mannosyl transferase activities. Antonie van Leeuwenhoek, 43(2): 129-142.

Evans D A, Sharp W R, Ammirato P V, et al. 1983. Handbook of Plant Cell Culture. New York: Macmillan Pulbishing Company.

Font R, Marcilla A, Verdú E. 1991. Thermogravimetric kinetic study of the pyrolysis of almond shells and almond shells impregnated with $CoCl_2$. Journal of Analytical and Applied Pyrolysis. 21(3): 249-264.

Fukuda Y, Hayakawa T, Inoue K, et al. 1994. Atmospheric $v_{\mu}v_{e}$ ratio in the multi-GeV energy range. Physics Letters B, 335(2): 237-245.

Grabber J H, Ralph J, Lapierre C, et al. 2004. Genetic and molecular basis of grass cell-wall degradability. I. Lignin-cell wall matrix interactions. Comptes Rendus Biologies, 327(5): 455-465.

Guo D J, Chen F, Inoue K, et al. 2001. Downregulation of caffeic acid 3-*O*-methyltransferase and caffeoyl CoA 3-*O*-methyltransferase in transgenic alfalfa: impacts on lignin structure and implications for the biosynthesis of G and S lignin. The Plant Cell, 13(1): 73-88.

Halpin C. 2004. Re-designing lignin for industry and agriculture. Biotechnology & Genetic Engineering Reviews, 21(1): 229-245.

Hamberger B, Hahlbrock K. 2004. The 4-coumarate: CoA ligase gene family in *Arabidopsis thaliana* comprises one rare, sinapate-activating and three commonly occurring isoenzymes. Proceedings of the National Academy of Sciences of the United States of America, 101(7): 2209-2214.

Hassan E M, Steele P H, Ingram L. 2009. Characterization of fast pyrolysis bio-oils produced from pretreated pine wood. Applied Biochemistry and Biotechnology, 154(1/3): 3-13.

Herschbach C, Kopriva S. 2002. Transgenic trees as tools in tree and plant physiology. Trees-

Structure and Function, 16 (4/5): 250-261.

Hisano H, Nandakumar R, Wang Z Y. 2009. Genetic modification of lignin biosynthesis for improved biofuel production. In Vitro Cellular & Developmental Biology-Plant, 45 (3): 306-313.

Hoffmann L, Besseau S, Geoffroy P, et al. 2004. Silencing of hydroxycinnamoyl-coenzyme A shikimate/quinate hydroxycinnamoyltransferase affects phenylpropanoid biosynthesis. The Plant Cell, 16 (6): 1446-1465.

Holbrook N M, Putz F E. 1989. Influence of neighbors on tree form: effects of lateral shade and prevention of sway on the allometry of *Liquidambar styraciflua* (sweet gum). American Journal of Botany, 76 (12): 1740-1749.

Horvath L, Peszlen I, Peralta P, et al. 2010. Mechanical properties of genetically engineered young aspen with modified lignin content and/or structure. Wood and Fiber Science, 42 (3): 310-317.

Hu W J, Harding S A, Lung J, et al. 1999. Repression of lignin biosynthesis promotes cellulose accumulation and growth in transgenic trees. Nature Biotechnology, 17 (8): 808-812.

Hu Y L, Gai Y, Yin L, et al. 2010. Crystal structures of a *Populus tomentosa* 4-coumarate: CoA ligase shed light on its enzymatic mechanisms. The Plant Cell, 22 (9): 3093-3104.

Humphreys J M, Chapple C. 2002. Rewriting the lignin roadmap. Current Opinion in Plant Biology, 5 (3): 224-229.

Ishihara A, Ohtsu Y, Iwamura H. 1999. Induction of biosynthetic enzymes for avenanthramides in elicitor-treated oat leaves. Planta, 208 (4): 512-518.

Jian L Y, Ya Y L, Yue J Z, et al. 2008. Cell wall polysaccharides are specifically involved in the exclusion of aluminum from the rice root apex. Plant Physiology, 146 (2): 602-611.

Kajita S, Katayama Y, Omori S. 1996. Alterations in the biosynthesis of lignin in transgenic plants with chimeric genes for 4-coumarate: coenzyme A ligase.Plant & Cell Physiology, 37 (7): 957-965.

Katia R, Jimmy B S, Mir D M, et al. 2009. Impact of CCR1 silencing on the assembly of lignified secondary walls in *Arabidopsis thaliana*. New Phytologist, 184 (1): 99-113.

Keckes J, Burgert I, Frühmann K, et al. 2003. Cell-wall recovery after irreversible deformation of wood. Nature Materials, 2 (12): 810-814.

Klose W, Wiest W. 1999. Kinetic of pyrolysis of rice husk. Bioresource Technology, 78: 53-59.

Kobasa D, Jones S M, Shinya K, et al. 2007. Aberrant innate immune response in lethal infection of macaques with the 1918 influenza virus. Nature, 445 (7125): 319-323.

Koehler L, Telewski F W. 2006. Biomechanics and transgenic wood. American Journal of Botany, 93 (10): 1433-1438.

Koufopanos C A, Papayannakos N, Maschio G, et al. 1991. Modeling of the pyrolysis of biomass particles. studies on kinetics, thermal and heat transfer effects. The Canadian Journal of Chemical Engineering, 69 (4): 907-915.

Kumar A, Ellis B E. 2003. A family of polyketide synthase genes expressed in ripening *Rubus* fruits. Phytochemistry, 62 (3): 513-526.

Kung H C. 1972. A mathematical model of wood pyrolysis. Combustion and Flame, 18 (2): 185-187.

Lachenbruch B, Johnson G R, Downes G, et al. 2010. Relationships of density, microfibril angle, and sound velocity with stiffness and strength in mature wood of Douglas-fir. Canadian Journal of

Forest Research, 40(1): 55-64.

Lee D, Meyer K, Chapple C, et al. 1997. Antisense suppression of 4-coumarate: coenzyme A ligase activity in *Arabidopsis* leads to altered lignin subunit composition. The Plant Cell Online, 9(11): 1985-1998.

Lee T V, Beck S R. 1984. A new integral approximation formula for kinetics analysis of nonisothermal TGA data. AIChE Journal, 30(3): 517-519.

Leplé J C, Dauwe R, Morreel K, et al. 2007. Downregulation of cinnamoyl-coenzyme A reductase in poplar: multiple-level phenotyping reveals effects on cell wall polymer metabolism and structure. The Plant Cell, 19(11): 3669-3691.

Lindermayr C, Möllers B, Fliegmann J, et al. 2002. Divergent members of a soybean (*Glycine max* L.) 4-coumarate: coenzyme A ligase gene family. European Journal of Biochemistry, 269(4): 1304-1315.

Liu A H, Guo H, Ye M, et al. 2007. Detection, characterization and identification of phenolic acids in Danshen using high-performance liquid chromatography with diode array detection and electrospray ionization mass spectrometry. Journal of Chromatography, 1161(1-2): 170-182.

Logemann E, Wu S C, Schröder J, et al. 1995. Gene activation by UV light, fungal elicitor or fungal infection in *Petroselinum crispum* is correlated with repression of cell cycle-related genes. The Plant Journal, 8(6): 865-876.

Lois R, Hahlbrock K. 1992. Differential wound activation of members of the phenylalanine ammonia-lyase and 4-coumarate: CoA ligase gene families in various organs of parsley plants. Zeitschrift für Naturforschung C, 47(1-2): 90-94.

Lozoya E, Hoffmann H, Douglas C, et al. 1988. Primary structures and catalytic properties of isoenzymes encoded by the two 4-coumarate: CoA ligase genes in parsley. European Journal of Biochemistry, 176(3): 661-667.

Lu H, Jiang X N, Li F, et al. 2000. Cloning of promoter of Chinese bean GRP 1.8 gene and characterization of its function in transgenic tobacco plants. Chemical Research in Chinese Universities, 18(3): 290-293.

Mäkelä A, Grace J C, Deckmyn G, et al. 2010. Simulating wood quality in forest management models. Forest Systems, 19(SI): 48-68.

Manyà J J, Velo E, Puigjaner L. 2003. Kinetics of biomass pyrolysis: a reformulated three-parallel-reactions model. Industrial & Engineer Chemistry Research, 42(3): 434-441.

Márquez A J. 2005. Lotus Japonicus Handbook. Dordrecht: Springer.

Meyermans H, Morreel K, Lapierre C, et al. 2000. Modifications in lignin and accumulation of phenolic glucosides in poplar xylem upon down-regulation of caffeoyl-coenzyme A *O*-methyltransferase, an enzyme involved in lignin biosynthesis. The Journal of Biological Chemistry, 275(47): 36899-36909.

Montezinos D, Delmer D P. 1980. Characterization of inhibitors of cellulose synthesis in cotton fibers. Planta, 148(4): 305-311.

Oasmaa A, Kuoppala E. 2003c. Fast pyrolysis of forestry residue. 3. storage stability of liquid fuel. Energy & Fuels, 17(4): 1075-1084.

Oasmaa A, Kuoppala E. 2008. Solvent fractionation method with brix for rapid characterization of wood fast prolysis liquids. Energy & Fuels, 22 (6) : 4245-4248.

Oasmaa A, Kuoppala E, Gust S, et al. 2003a. Fast Pyrolysis of forestry residue. l. effect of extractives on phase separation of pyrolysis liquids. Energy & Fuels, 17 (1) : 1-12.

Oasmaa A, Kuoppala E, Selin J F, et al. 2004. Fast pyrolysis of forestry residue and pine. 4. inprovement of the product quality by solvent addition. Energy & Fuels, 18 (5) : 1578-1583.

Oasmaa A, Kuoppala E, Solantansta Y. 2003b. Fast pyrolysis of forestry residue. 2. physicochemical composition of product liquids. Energy & Fuels, 17 (2) : 433-443.

Obembe O O. 2010. Offspring of the crosses of two anti-sense potato plants exhibit additive cellulose reduction. African Journal of Plant Science, 4 (12) : 474-478.

Oksman K, Clemons C. 1998. Mechanical Properties and morphology of impact modified polypropylene-wood flour composites. Journal of applied polymer science, 67 (9) : 1503-1513.

Olofsdotter M, Rebulanan M, Madrid A, et al. 2002. Why phenolic acids are unlikely primary allelochemicals in rice. Journal of Chemical Ecology, 28 (1) : 229-242.

O'Malley D M, Whetten R, Bao W, et al. 1993. The role of of laccase in lignification. The Plant Journal, 4 (5) : 751-757.

Orfão J J M, Antunes F J A, Figueiredo J L. 1999. Pyrolysis kinetics of lignocellulosic materials-three independent reaction model. Fuel, 78 (3) : 349-358.

Pichersky E, Gang D R. 2000. Genetics and biochemistry of secondary metabolites in plants: an evolutionary perspective. Trends in Plant Science, 5 (10) : 439-445.

Plazonić A, Bucar F, Maleš Ž, et al. 2009. Identification and quantification of flavonoids and phenolic acids in burr parsley (*Caucalis platycarpos* L.), using high-performance liquid chromatography with diode array detection and electrospray ionization mass spectrometry. Molecules, 14 (7) : 2466-2490.

Plomion C, Leprovost G, Stokes A. 2001. Wood formation in trees. Plant Physiology, 127 (4) : 1513-1523.

Popescu C. 1996. Integral method to analyze the kinetics of heterogeneous reactions under non-isothermal conditions A variant on the Ozawa-Flynn-Wall method. Thermochimica Acta, 285 (2) : 309-323.

Prasad T P, Kanungo S B, Ray H S. 1992. Non-isothermal kinetics: some merits and limitations. Thermochimica Acta, 203: 503-514.

Radlein D, Piskorz J, Majerski P. 1997. Methord of producing slow-release nitrogenous organic fertilizer from biomass. US Patent, 5676727: 10-14.

Ragauskas A J, Williams C K, Davison B H, et al. 2006. The path forward for biofuels and biomaterials. Science, 311 (5760) : 484-489.

Rao T R, Shanna A. 1998. Pyrolysis rates of biomass materials. Energy, 23 (11) : 973-978.

Richet N, Afif D, Huber F, et al. 2011. Cellulose and lignin biosynthesis is altered by ozone in wood of hybrid poplar (*Populus tremula* × *alba*) . Journal of Experimental Botany, 62 (10) : 3575-3586.

Robards K, Prenzler P D, Tucker G, et al. 1999. Phenolic compounds and their role in oxidative processes in fruits. Food Chemistry, 66 (4) : 401-436.

Ruel K, Berrio-Sierra J, Derikvand M M, et al. 2009. Impact of CCR1 silencing on theassembly of lignified secondary walls in *Arabidopsis thaliana*. New Phytologist, 184 (1): 99-113.

Rutkowski P, Kubacki A. 2006. Influence of polystyrene addition to cellulose on chemical structure and properties of bio-oil obtained during pyrolysis. Energy Conversion and Management, 47 (6): 716-731.

Schneider K, Hövel K, Witzel K, et al. 2003. The substrate specificity-determining amino acid code of 4-coumarate: CoA ligase. Proceedings of the National Academy of Sciences, 100 (14): 8601-8606.

Scholze B, Hanser C, Meier D. 2001. Characterization of the water-insoluble fraction from pyrolysis oil (pyrolytic lignin). Part Ⅱ. GPC, carbonyl groups, and ^{13}C-NMR. Journal of Analytical and Applied Pyrolysis, 58-59 (1): 387-400.

Scholze B, Meier D. 2001. Characterization of the water-insoluble fraction from pyrolysis oil (*Pyrolytic lignin*). Part Ⅰ, PY-GC/MS, FTIR, and function groups. Journal of Analytical and Applied Pyrolysis, 60 (1): 41-54.

Seeram N P, Lee R, Scheuller H S, et al. 2005. Identification of phenolic compounds in strawberries by liquid chromatography electrospray ionization mass spectroscopy. Food Chemistry, 97 (1): 1-11.

Sewalt V J H, Ni W, Blount J W, et al. 1997. Reduced lignin content and altered lignin composition in transgenic tobacco down-regulated in expression of L-phenylalanine ammonia-lyase or cinnamate 4-hydroxylase. Plant Physiology, 115 (1): 41-50.

Sharma A, Rao T R. 1999. Kinetic of pyrolysis of rice husk. Bioresource Technology, 67 (1): 53-59.

Sipilä K, Kuoppala E, Fagernäs L, et al. 1998. Characterization of biomass-based flash pyrolysis oils. Biomass and Bioenergy, 14 (2): 103-113.

Souza C D A, Barbazuk B, Ralph S G, et al. 2008. Genome-wide analysis of a land plant-specific *acyl: coenzymeA synthetase* (*ACS*) gene family in *Arabidopsis*, poplar, rice and *Physcomitrella*. New Phytologist, 179 (4): 987-1003.

Stenseng M, Jensen A, Kim D J. 2001. Investigation of biomass pyrolysis by thermogravimetric analysis and differential scanning calorimetry. Journal of Analytical and Applied Pyrolysis, 58-59: 765-780.

Stuible H P, Büttner D, Ehlting J, et al. 2000. Mutational analysis of 4-coumarate: CoA ligase identifies functionally important amino acids and verifies its close relationship to other adenylate-forming enzymes. FEBS Letters, 467 (1): 117-122.

Swatsitang P, Tucker G, Robards K, et al. 2000. Isolation and identification of phenolic compounds in *Citrus sinensis*. Analytica Chimica Acta, 417 (2): 231-240.

Uhlmann A, Ebel J. 1993. Molecular cloning and expression of 4-coumarate: coenzyme A ligase, an enzyme involved in the resistance response of soybean (*Glycine max* L.) against pathogen attack. Plant Physiology, 102 (4): 1147-1156.

Vachuska J, Voboril M. 1971. Kinetic data computation from of non-isothermal thermogravimetric curves of non-uniform heating rate. Thermochimica Acta, 2: 379-392.

Vachuška J, Vobořil M. 1971. Kinetic data computation from of non-isothermal thermogravimetric curves of non-uniform heating rate. Thermochimica Acta, 2(5): 379-392.

Voelker S L, Lachenbruch B, Meinzer F C, et al. 2011a. Reduced wood stiffness and strength, and altered stem form, in young antisense *4CL* transgenic poplars with reduced lignin contents. New Phytologist, 189(4): 1096-1109.

Voelker S L, Lachenbruch B, Meinzer F C, et al. 2011b. Transgenic poplars with reduced lignin show impaired xylem conductivity, growth efficiency and survival. Plant, Cell and Environment, 34(4): 655-668.

Vos R C D, Moco S, Lommen A, et al. 2007. Untargeted large-scale plant metabolomics using liquid chromatography coupled to mass spectrometry. Nature Protocols, 2(4): 778-791.

Weng J K, Chapple C. 2010. The origin and evolution of lignin biosynthesis. New Phytologist, 187(2): 273-285.

Wimmer R, Lucas B N. 1997. Comparing mechanical properties of secondary wall and cell corner middle lamella in spruce wood. IAWA Journal, 18(1): 77-88.

Xu B, Escamilla T L L, Noppadon S, et al. 2011. Silencing of 4-coumarate: coenzyme A ligase in switchgrass leads to reduced lignin content and improved fermentable sugar yields for biofuel production. New Phytologist, (192): 611-625.

Yamada K, Lim J, Dale J M, et al. 2003. Empirical analysis of transcriptional activity in the *Arabidopsis* genome. Science, 302(5646): 842-846.

Yang J L, Li Y Y, Zhang Y J, et al. 2008. Cell wall polysaccharides are specifically involved in the exclusion of aluminum from the rice root apex. Plant Physiology, 146(2): 602-611.

Yang S H. 2004. Transcript profiling of differentiating xylem of loblolly pine (*Pinus taeda* L.) Texas A&M University.

Yu J, Hu S N, Wang J, et al. 2001. A draft sequence of the rice (*Oryza sativa* ssp. *indica*) genome. Chinese Science Bulletin, 46(23): 1937-1942.

Zhao Y, Kung S D, Dube S K. 1990. Nucleotide sequence of rice 4-coumarate: CoA ligase gene, 4-CL. 1. Nucleic Acids Research, 18(20): 6144.

Zheng Z X, Shetty K. 2000. Solid-state bioconversion of phenolics from cranberry pomace and role of *Lentinus edodes* β-glucosidase. Journal of Agricultural and Food Chemistry, 48(3): 895-900.

Zhong R Q, Lee C H, Ye Z H. 2010. Functional characterization of poplar wood-associated NAC domain transcription factors. Plant Physiology, 152(2): 1044-1055.

Zhong R Q, Peña M J, Zhou G K, et al. 2005. Arabidopsis fragile fiber8, which encodes a putative glucuronyltransferase, is essential for normal secondary wall synthesis. The Plant Cell, 17(12): 3390-3408.

Zhu P, Sui S Y, Wang B, et al. 2004. A study of pyrolysis and pyrolysis products of flame-retardant cotton fabrics by DSC, TGA and PY-GC-MS. Journal of Analytical and Applied Pyrolysis, 71(2): 645-655.

附　　录

附表 1　S-23 不同升温速率不同模型动力学参数

函数	10K/min			20K/min			30K/min			50K/min		
	E (kJ/mol)	ln*A* (min^{-1})	*R*	*E* (kJ/mol)	ln*A* (min^{-1})	*R*	*E* (kJ/mol)	ln*A* (min^{-1})	*R*	*E* (kJ/mol)	ln*A* (min^{-1})	*R*
1	105.49	18.09	−0.9711	101.47	17.59	−0.9704	98.07	16.90	−0.9706	87.83	14.35	−0.9402
2	113.45	19.36	−0.9803	110.31	19.03	−0.9805	105.86	18.09	−0.9802	95.66	15.49	−0.9551
3	116.55	18.61	−0.9835	112.80	18.14	−0.9836	109.01	17.34	−0.9837	99.01	14.76	−0.9612
4	123.72	20.36	−0.9891	120.40	19.96	−0.9894	116.16	19.05	−0.9895	106.26	16.42	−0.9719
5	98.66	14.17	−0.9635	94.61	11.41	−0.9624	91.49	13.07	−0.9628	81.29	10.57	−0.9290
6	148.96	26.47	−0.9942	145.02	25.83	−0.9943	141.71	25.10	−0.9946	132.42	22.36	−0.9920
7	58.56	8.09	−0.9887	56.95	8.22	−0.9888	54.62	7.90	−0.9890	49.33	6.70	−0.9687
8	62.97	10.58	−0.9927	61.13	10.65	−0.9925	59.08	10.39	−0.9933	53.93	9.18	−0.9801
9	38.84	5.42	−0.9912	37.56	5.67	−0.9909	36.14	5.60	−0.9917	32.47	4.88	−0.9745
10	26.77	2.70	−0.9892	25.77	3.04	−0.9887	24.67	3.07	−0.9896	21.74	2.57	−0.9668
11	14.70	−0.24	−0.9832	13.98	0.19	−0.9819	13.20	0.30	−0.9825	11.01	−0.01	−0.9393
12	8.67	−1.93	−0.9713	8.09	−1.48	−0.9679	7.46	−1.34	−0.9672	5.65	−1.62	−0.8724
13	54.52	7.76	−0.9820	52.61	7.83	−0.9821	50.59	7.59	−0.9819	45.26	6.41	−0.9546
14	57.14	8.01	−0.9867	55.39	8.12	−0.9870	53.20	7.83	−0.9870	47.91	6.64	−0.9643
15	48.02	6.79	−0.9643	45.93	6.84	−0.9630	44.16	6.66	−0.9627	38.69	5.49	−0.9222
16	19.29	0.61	−0.9428	18.15	0.93	−0.9387	17.21	0.99	−0.9361	14.12	0.46	−0.8587
17	39.08	5.13	−0.9239	36.87	5.18	−0.9186	35.44	5.09	−0.9183	29.81	3.93	−0.8554
18	33.14	3.94	−0.8842	30.92	3.99	−0.8746	29.74	3.96	−0.8745	24.13	2.82	−0.7934
19	86.00	16.28	−0.9796	83.37	16.08	−0.9814	82.58	16.08	−0.9789	77.94	14.77	−0.9915
20	9.16	−1.01	−0.5890	8.58	−0.59	−0.5914	8.82	−0.12	−0.5847	8.50	0.10	−0.6731
21	9.16	−1.01	−0.5890	26.74	4.75	−0.7461	27.34	5.28	−0.7382	27.37	5.43	−0.8174
22	64.88	14.05	−0.7824	63.06	14.02	−0.7945	64.38	14.67	−0.7869	65.13	14.62	−0.8568